文通天下

突 破 认 知 的 边 界

［日］加藤谛三——著

凌文桦——译

向内求

在善变的世界里，安顿自己

文化发展出版社
Cultural Development Press
·北 京·

能正确拥抱不安之人，
已学会强大本领

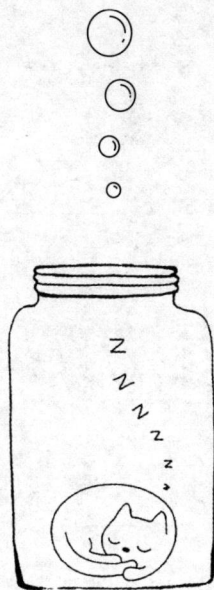

向内求

在善变的世界里，安顿自己

在生活的诸多的问题中非常严峻的莫过于如何应对不安。

丹麦哲学家克尔恺郭尔说，"人之所以会不安，是因为可以自由地陷入胡思乱想之中，从而一发不可收""能够正确认识不安情绪的人，已经学会了强大的本领"。

不安是人生中的常见问题，不论是谁都会有不安的时候。

"不安会限制人们的成长与认知，使生活中的感情领域变得狭隘起来，且情绪健康基于个人认知程度。因此，把不安情绪逐渐清晰化，反而能扩展认知，扩大自我，这样才能使我们的情绪走上健康之路。"

现代人之所以无法感知幸福，可能就是因为不能正确理解这一点。

人其实是很矛盾的，一面渴望能够自立，一面存在着依赖心。这种介于有意识与无意识领域间的矛盾也可以说是处于不安状态下所导致的。

即便本人打算选择变得幸福的选项，最后也可能会下意识地选择导致不幸的选项。

话说回来，我们所说的消除不安的消极的办法是怎么一回事呢？

奥地利精神科医生沃尔特·贝伦·沃尔夫曾提出了一种现象——犹豫神经症。患有犹豫神经症的病人，总会抱有"我只要持续等下去，困难就会解决的""总会有人来帮我解决困难的"这样一种期待。这是可以让自己不安的心变得踏实、安宁的魔法，简单来说，就是一种自我麻痹的方式。

心理学家罗洛·梅说："被压抑的敌意，夺走了人认知现实中存在的危险并与之进行斗争的能力。"

我在大学举行讲座的时候，学习了黑格尔的历史哲学。

我至今记忆犹新的是黑格尔说的"人类历史难题中最难解决的是正确的事情与正确的事情之间所存在的矛盾和冲突"。

直到现在，我还记得当初的自己是一副恍然大悟的神情："啊，果然是这样，黑格尔可真是一名洞察人类历史的达者啊。"

当"正确的事情"与"错误的事情"之间发生冲突的时候，那就很简单了，我们只要选择"正确的事情"就可以了，不是吗?

可真正棘手且难以进行判断的是"正确的事情"与"正确的事情"之间所存在的矛盾和冲突。

美国心理学家大卫·西伯里有一句名言，那便是让大家"坦然接受不幸"。唯有这样，你才能看到前路在何方，该做什么。

稍后，我会详细地加以说明，那些采用消极的办法来消除不安的人无论何时都不肯面对现实，因此，白白消耗了自己的精力。

你要知道，当今社会，一些人患有轻微的神经症。

因此，即便紧急事态被宣布了无数次，那些年轻人仍丝毫没有危机感，那是因为他们在期待有人来帮自己解决问题。

若是顺从了这种自我陶醉式的愿望，人就会下意识地歪曲现实，选择对自己有益的解释，然后，通过幻想中的心愿来看待现实。

其实，像这种采用自我麻痹的方式来看待现实世界的，不仅仅是年轻人。

人们的惰性思维是习惯性地用简单的方法去解决问题，毕竟舍难求易是理所当然的。如此，幼稚的成人也显得越来越多了。

因此，我向大家提倡的是——多多理解不安的心理吧。

如前文所介绍："被压抑的敌意，夺走了人认知现实中存在的危险并与之进行斗争的能力。"

现在的人们的确是被剥夺了认知现实中存在的危险并与之进行斗争的能力。

美国心理学家亚伯拉罕·马斯洛有一句至理名言，那便是"能够实现自我的人才经得住矛盾"。

我以"消除不安的办法"为主题撰写了此书，就本书是以怎样的模式介绍消除的办法，我想有必要先给大家整体解说一下不安是一种什么情况。

对我们来说，不安这种东西是我们下意识想要躲避的一种情绪，我认为唯有正确地包容它、理解它才是正确的心理解决方法。

作为其解决方法，让我们先来阐述一下"消除不安的消极的解决方法"吧。

所谓"消除不安的消极的解决方法"，简单地用一句话来说，就是"当你因为不安陷入了不知如何是好的状态中的时候，或许喝点儿酒，让自己忘了就好了"。

虽说这可能会导致你逐渐养成依赖酒精的坏习惯，但是，喝了酒之后，的确能够短时间地忘却不安。当然，这并不是让人满意的积极的消除不安的方法。

接下来，我们再说"消除不安的积极的解决办法"是什么，将积极的解决办法加以实践是件十分困难的事儿，需要考虑的是，我们如何正面迎向自己的不安，如何消除它。

通过阅读本书，我希望大家能够理解人类不幸的根本原因和如何面对人生旅途中频频出现的各种难题，然后，学会快速且正确的应对方法。

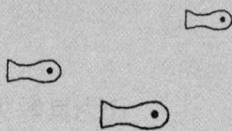

目 录
Contents

卷首语　能正确拥抱不安之人，
　　　　已学会强大本领

第一章　为什么不安会使人陷入痛苦境地

神经症日益增长的社会现状　　　　　003
生命皆有裂缝，那是光照进来的地方　　006
现代人陷入不安的缘由　　　　　009
人生的悲剧源于"乖孩子"　　　　　013

第二章 现实性不安与神经症性不安

无法摆脱恐惧情绪的神经症   019

现实性不安与神经症性不安   021

为什么我们会拼命抓紧不幸   025

与有相同依赖症的男子再婚的女人   027

为什么我们会掩饰真实的情感   029

"好人综合征"源于难以磨灭的自卑感   032

那些过于察言观色的人   035

无法相信自身价值的人   037

害怕因拒绝他人而被厌恶的缘由   039

那些无法独自活下去的人   042

倾尽一切束缚对方的人   044

不安导致的情绪冲动   047

"一言不合"就口出污言的人   049

易怒易受伤的人   054

第三章 不幸总比不安好

为什么欺凌不会消失　　　061

消费社会助长人们做出不幸选择　　　063

选择不幸，怨恨他人的人　　　066

不安之人，很难与别人产生连接　　　069

消除不安的方法之一——潜意识意识化　　　071

隐藏在潜意识里的敌意　　　073

那些没有行动、持续哀叹的人　　　076

请不要为哀叹之人提任何建议　　　078

"我是如此痛苦"是隐藏起来的谴责　　　080

不安是生活方式亮起的红灯　　　083

你了解成功者抑郁症吗　　　086

莫名其妙的不满　　　088

第四章 假性成长与隐藏的敌意

那些模范生犯罪事件　　　093

假性成长之后……　　　095

人生不总那么阳光积极才真实　　　097

赶入潜意识中也无法消除的欲求　　　100

一切从接受不幸开始　　　　　　　　102

不安的根源是基本冲突　　　　　　　105

没有安全感的人几乎举世皆敌　　　　107

被谅解长大的人 VS 不被谅解长大的人　111

出路在哪里　　　　　　　　　　　　114

社会性的成长无法消除不安　　　　　116

不安的源头是不了解真正的自我　　　119

第五章

不安与愤怒的密切关系

不安的原因之一 ——隐藏的愤怒　　　125

我们为何失去了对抗的能力　　　　　127

你已活成了丧失本我的生活悲剧　　　130

越努力越可能是举世皆敌　　　　　　133

"在外是羔羊，在家是恶狼"　　　　　135

与其这般，不如成魔　　　　　　　　137

重建那个待在过去的自己　　　　　　139

敌意与不安的关系顽固　　　　　　　141

那些通过战胜他人获得安心的人　　　143

第六章 消除不安的消极的解决办法

不知该做什么的人
往往选择了消极的不安解决方法　　　149

你真的是在教育孩子吗　　　151

失败是成功之母吗　　　153

采用替代缘由转移视线的人　　　156

"合理化"不过是我们的借口　　　158

那些"披着羊皮的狼"　　　160

你知道欺凌依赖症吗　　　162

"酸葡萄"和"甜柠檬"　　　164

因孩子厌食做咨询的父母　　　166

身体知道一切答案　　　168

你可以不承认但你依然在逃避　　　170

我们是怎样丧失成长机会的　　　173

你讨厌的不是派对，而是不受欢迎的感觉　　　175

"烦恼不是昨天一天形成的"　　　177

我们为何会有想生病的渴望　　　179

爱生病的孩子和家人的关系一般不好　　　181

什么？新型抑郁症根本不存在　　　184

心智如幼儿的"成年人"　　　187

看不见的不安和依赖症　　　189

现代社会中的依赖症　　　192

第七章 消除不安的积极的解决办法

看清引发你不安的根本原因　　　　　　　　197

请先找到你喜爱什么　　　　　　　　　　198

林肯的"务必让自己再度幸福起来"的言论　200

用尊严替代虚荣心　　　　　　　　　　　203

消除不安的最好手段——做自己　　　　　206

所谓坦率就是不否认现实　　　　　　　　207

你能否直面现实　　　　　　　　　　　　210

追问"为什么"是幸运之门　　　　　　　212

不安是人生的十字路口　　　　　　　　　215

能正确拥抱不安之人，已学会强大本领　　217

第一章

为什么不安会使人陷入痛苦境地

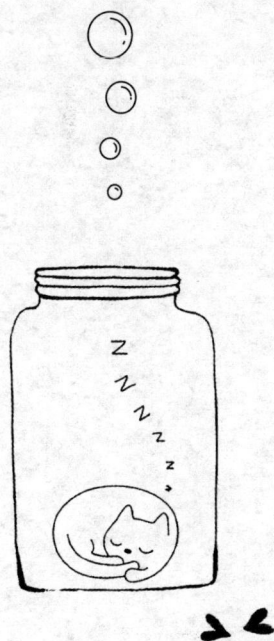

向内求

在善变的世界里，安顿自己

人只要活着，就需要面对来自社会、生活，包括情感方面的各种痛苦，或是棘手的问题。这时候，若是有人说"只要这样做，就能应付这些痛苦和问题"，那么，自然而然地，就会有许多想要追求简单的解决办法的人聚集到他身边吧。

人要存活于世，可说是举步维艰。因为自打我们出生起，不论是谁都未被植入一个"要变得幸福起来"的程序。

可是，尽管如此，许多出版社还在不断出版诸如"只要读了此书，就能变得更加幸福"的书籍。出版社渴望出

---

① 神经症又叫神经官能症，主要是以精神活动能力下降、焦虑、抑郁，或者有疑似病症以及各种身体不适为主要症状的一种精神障碍。

人要存活于世，可说是举步维艰。因为自打我们出生起，不论是谁都未被植入一个"要变得幸福起来"的程序。

版的是通过一两小时的阅读，就能让读者大致明白的书籍。那么，我们应该怎样做才能轻松、简单地消除不安？

当然，消除不安并非我们所想的那般简单，所以，那些告诉人们有办法可以消除不安，但实践起来相当困难的书籍，出版社是从来不出版的。

如果有这样的两本书，一本是《居然有如此简单的方法可以消除不安》，另一本是《人的不安是根本问题，且十分棘手难消除》。而且，第二本书内还写有诸如此类的内容："我们可不能轻视生存问题，这是一门技术活。"那么，作为读者的大家，此时会选择入手哪本书呢？想来，多数人会选购能够简单、轻松地消除不安的那本书吧。

消费市场中，由于优先贩卖的是物品，因此，有人便会大肆鼓吹"只要买了 A 的话，就会怎样"。如此一来，看起来就像是理所当然地在向他人展示可以简单、轻快地消除不安。因此，销售方更加卖力地兜售，"只要买了 A 商品，你还会得到其他福利"。

可是，世上并不存在这种东西。只要静心细想，谁都能明白，若是这样做，真的能够变得幸福起来的话，那么，从很早之前，世人就应该变得幸福起来了。

其实，即便这样做，也不会让自己变得更幸福。因此，商家们竞相售卖的是如何才能轻易、简单地得到自己想要的东西。

生命皆有裂缝，那是光照进来的地方

自我陶醉是人生的问题之一。

自我陶醉是我们每个人与生俱来的特性之一。在实际生活中，如何将自我陶醉进行自我心理的升华并学会克制它，是我们成长所需学习的本领。

在成长的过程中，不同时期，人都会有相对应必须解决的问题，通过消除自我陶醉，促使自己的精神方面得到成长也是其中之一。话说回来，世间有许多东西可以满足这种理应克服的自我陶醉。例如，"哇哦，你使用的这款手提包让你看起来气度非凡"，这手提包便是能满足自我陶醉的商品之一。

本来，人就生存在一个成长与倒退的相对矛盾中，但消费社会会告诉你可以不用那么辛苦与隐忍，用十分简单、方便的方法往往就能满足你的所求。

这样的做法，虽然说可以使你暂时避开成长道路上必须面对的痛苦试炼，可是，也正因为避开了所需的试炼，致使我们的人生最终陷入了僵局。

或许，也有一部分人这样认为，当今社会，若能轻松、快乐地生活，也是不错的，我们不必勉强自己自我陶醉或是倒退。可是，随着年岁的增长，当回顾人生的时候，我们会发现，若不能成长，我们会寻觅不到真正能与自己心心相印的人。我们将意识到，若是一生都寻觅不到一个这样的人，人生就迎来了终结，那将会是多么凄凉、寂寞。

可是，在现实消费社会中，却经常鼓吹这些。

在一个人的成长过程中，其实，面对的问题不仅是要克服自我陶醉和倒退，还有就是要学会真正意义上的自立，也就是克服俄狄浦斯情结①。

弗洛伊德认为，俄狄浦斯情结是人类普遍存在的问题，并非如我们所想可以轻易地解决。

---

① 一般指恋母情结（Oedipus Complex），亦译俄狄浦斯情结。是心理学中精神分析学派用语。源于古希腊神话中的人物俄狄浦斯（Oedipus）无意中杀父娶母的神话故事。

在一个人的成长过程中，其实，面对的问题不仅是要克服自我陶醉和倒退，还有就是要学会真正意义上的自立，也就是克服俄狄浦斯情结。

然而，针对这样的问题，在消费市场里，你可能会看到他们贩卖如下信息，"只要你如此做的话，就可以了"，或是"只要你阅读了此书，这些问题就能得以解决"。当然，虽然他们嘴上说着"通过这样的方法就能解决了"，实则兜售的也只是得不到真正意义上成长的解决方法。

人生的充裕原本就并非能如此简单地解决。人生中，总会有一个接一个无法避免的问题。唯有面对问题，迎难而上，我们才会在解决问题的同时学会些什么，这才是真正意义上的成长。

现代人陷入
不安的缘由

人生中，不安是我们很常见的情绪，原因有很多，如未来的前程、家人的健康。可以说，每天都有数不清的事情让我们焦头烂额，但归结起来，我们的不安往往是因为三件事。

第一件：求不得事。想要的不能得到，也就生出了种种苦闷烦恼之情。我们之所以会不安，说起来，其实就是因为有太多的事情做不到，只能满腹不安而无能为力也。

人的时间、能力都是有限的，也就决定了个人能做到的事情有限，因此，对于无法预料和难以左右的事情，就不免生出不耐烦和不安的心情。刘备为何因髀肉复生而哭，不就在于功业未建、前程难测、老之将至吗？

求不得，就是不安的源头。要是事事能顺心，又怎么会生出不安之感。因此，想要消除不安之感，关键在于接受自己有办不到的事情，不管是工作还是生活，尽己所能即可。

第二件：不知己事。人生的不安，多半还来源于不清楚自己该定下怎样的目标，不知道该往什么方向奋斗和努力。

一个人陷入没有目标的状态后，就会因无所事事而感到忧心和不安，且在找到目标之前，很难摆脱这种因没有方向而引起的不安之情。

古人立志相对较早，所以可能没有机会体会这样的苦闷之情，不过，现代人应该深有体会。不管是上学还是工作，时常有人不清楚自己到底想做什么，于是，也就不免出现不安之感。

没有目标的不安，一方面，来自没有目标感的不安；另一方面，则是年纪渐长，担心荒废了年华，等找到目标时已来不及实现。

其实，人生的目标不能光靠想，还要在行动中找寻。先从无所事事的状态中脱离，自己在工作中的兴趣和目标到底是什么，慢慢地就能摸索到。

有时候，想从不安之中脱离，先行动起来是个不错的办法。

要是事事能顺心，又怎么会生出不安之感。因此，想要消除不安之感，关键在于接受自己有办不到的事情，不管是工作还是生活，尽己所能即可。

第三件：不足成事。人生中，还有一种不安，源于拖延和懈怠。虽然心里告诉自己要为此全力以赴，但实际上，总以各种借口拖延，其结果自然就是"不足成事"，而心里面则对自己的表现既不安又悔恨。

刻苦努力，嘴上说说并不难，但是，持之以恒真不是件轻松的事情，尤其是心里面的预期和自己的表现差之千里的时候，不安之感就会顿时涌现出来。

相信不少人都有过这样的经验，明明下定了决心要努力，但由于各种理由没能坚持下去。其实，这样的事情很正常，不是每个人都有足够的毅力克服自己懈怠的情绪，无须因此产生负罪感。

生活中，为了改变现状而付出努力，固然是值得赞许的，但没能做到，也不要太过不安。

我们之所以不安，说得扎心一点，其实是因为对自己无能为力的事情而过度不安，因为无法有所施为，就只能转化为不安。

只要正视自己，不苛求，根据自己的实际情况来制订人生规划，脚踏实地，就能尽量避免不安感的产生。

人生的悲剧源于『乖孩子』

"这孩子真乖！真听话！"

很多人都喜欢用"乖"来表扬一个小孩。家长们也总是希望自己的孩子"乖一点"："你要听话，要懂事，知道吗？""你最乖了，爸爸妈妈喜欢你这样的孩子。""我是为了你好，你听大人的，不会害你的。"

在大人这样的教导下，很多孩子深信不疑，"乖巧"就是有道理，"听话"就是好孩子。但是，乖孩子的"红利"并不能持续到长大后，乖孩子们反而要面临更多的痛苦。

"贴心""顺从"是乖孩子的标签。不能否认，有一些孩子，生下来确实就乖一些，像天使宝宝一般，心理学上，他们被称为"容易型宝宝"。通常，这类小婴儿情绪温和，能很好地适应新事物的变化，是属于孩子天生的气质类型。他们很贴心，体谅父母、迎合父母，习惯性地讨好他人。他们很顺从，表现得很听话，很少违背父母意愿。

为什么我们总想要一个"乖孩子"？大家都喜欢乖孩子是因为他们总可以迎合或满足大人的需求：对于自顾不暇的家长，孩子的需求是一种负担，孩子"乖"一点，负担就少一点，而且大人能在"乖孩子"身上找到权力感；想从孩子身上索取爱和关注，认为自己付出得很多，孩子应该变成自己期待的模样；认为在社会上，一个顺从、乖巧的孩子往往不容易因跟别人起冲突而吃亏。家长的需求满足了，可是，孩子们自己的需求呢？

被改造出来的乖孩子，牺牲了自我和自主需求。根据调查，在2000名受访者中，48.4%的受访者有"配角综合征"。而在这群人中，53.9%的受访者将"配角综合征"归咎于从小接受的"乖孩子"的教育理念。他们需要成全他人，压抑自己，在这样的社会环境和心理冲突中不断成长。

成年人眼中的乖孩子更多的是被改造的结果。

因为儿童的天性就是"不乖"的，随着年龄的增长，孩子会产生"我"的概念，随之，也会产生"我"的想法，也会向身边的人表达属于自己的想法与感受。

与父母意见相左，甚至是叛逆，其实，都意味着孩子自我意识的觉醒。作为独立的个体，孩子也需要拥有自

与父母意见相左，甚至是叛逆，其实，都意味着孩子自我意识的觉醒。作为独立的个体，孩子也需要拥有自主感和掌控感。

主感和掌控感。

科普心理作家海苔熊曾说过："在成长过程中，如果你的孩子没有叛逆的话，你就要担心了，那表示他躲在你的雨伞底下，没办法走出自己的人生……"乖孩子表现出来的乖是以牺牲自我和自主需求为代价的。

第二章

现实性不安与神经症性不安

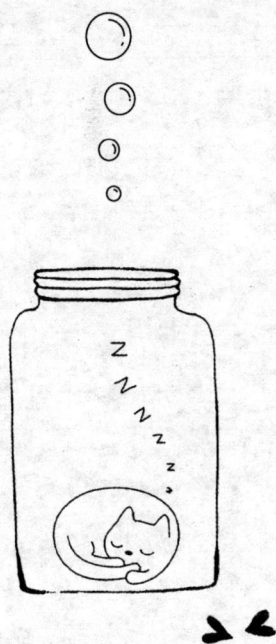

向内求

在善变的世界里，安顿自己

不安有两类——现实性不安与神经症性不安。

如果将二者混淆，就无法采取有针对性的应对措施。

比如，面对流感，人们就容易产生现实性不安，一旦感染，会对自己的生活造成很大困扰，这可以说是非常现实的问题了。

只靠自己目前的工资，欠下那么多贷款真的不要紧吗？这也是现实性不安。

当然，这类现实性不安必须关注，但更严重的是神经症性不安。患有神经症性不安的人会害怕现实中并不可怕的事物，呈现出类似恐惧不安的情绪。在日常生活中，这会造成非常严重的问题。

我们可以做一个这样的实验：竖起一道非常坚固的玻璃墙——绝对能够承受得住狮子的袭击，一侧站着人，隔着玻璃墙的另一侧则是不停跑来跑去的狮子。

由于隔着一道绝对不会破裂的玻璃墙，理性上，受试者明白狮子无法伤害到自己。然而，即使明白这个道理，但当狮子扑过来的时候，绝大多数人往往还是会哇哇大叫着逃跑。

有时，这类人明知现实中没有什么值得害怕的事，可就是无法摆脱恐惧的不安情绪。

我认为，神经症性不安源于"无法掌控自己"。

即使没有遇到具体问题，有的人也会因不安而一直畏首畏尾，他们无法信任别人，即便是处在热恋时，也时刻担心被分手，烦恼的理由永远存在。

患有神经症性不安的人经常会感受到不合常理的不安。他们自己也非常明白，一直闷闷不乐解决不了任何问题，即便如此，他们也依然对此无能为力。

总而言之，问题的关键不在于现实中某事某物是否可怕，而在于本人是否觉得它可怕。

现实性不安与神经症性不安

前文，我们曾经提及，不安可以分为现实性不安与神经症性不安。对于这两类不安，我们必须严格地将它们区分开来。

关于现实性不安，弗洛伊德称其为"客体性不安"，罗洛·梅则称其为"正常的不安"。对于这类不安，必须采取有针对性的应对措施来消除，硬装出勇敢的样子来加以掩饰其实是最愚蠢的。

相反，神经症性不安表现为害怕现实中并不恐怖的东西，这属于内心层面的问题。这类人偏执地认为，现实中并不恐怖的事物非常可怕。因此，首先必须考虑的是自己为什么会这样。

有的人经常会钻牛角尖，担心"连这种事都害怕，大家会不会觉得我很软弱""身边的人会不会觉得我是个胆小鬼"，于是就拼命装出一副勇敢的样子。毫无疑问，他们都属于神经症性不安。

我重申，现实性不安和神经症性不安截然不同。如果不将二者区分开，就无法采取正确的措施来应对。

世界上有一种人，到死都不愿意放弃"不幸"。很多人可能会觉得不可思议，但是，半个多世纪以来，我接触过无数被烦恼困扰的人，十分清楚他们一直都在。

为什么会有这种人存在呢？

因为这些人最恐惧的不是不幸，而是不安。这些人最渴望的不是幸福，而是安全感。为了变得不幸而付出的努力及能量，完全是为了摆脱不安的努力和能量。

所有人都想要得到幸福。

但是，摆脱不安的愿望远比想要获得幸福的愿望更为强烈。

有时，不安的人会努力使自己变得不幸。

所有人都明白，金钱买不来幸福。

所有人都明白，权力带不来幸福。

所有人都明白，名声无法让人幸福。

可人们还是乐此不疲地追求它们。

人们想要一夜暴富，是因为觉得有钱就有安全感，本这些人最恐惧的不是不幸，而是不安。这些人最渴望的不是幸福，而是安全感。为了变得不幸而付出的努力及能量，完全是为了摆脱不安的努力和能量。

质上，这还是为了逃离不安。在人们心里，对安全感的追求是压倒一切的。

假设，有位丈夫赌博成瘾，他不仅游手好闲，为了赌博，甚至将妻子辛辛苦苦打工攒下的钱席卷一空，甚至借遍亲友的钱，连妻子的亲戚都不放过。只要他一回到家，家庭争端就永远不会缺席。

这种情形下，所有人都觉得妻子应该离婚了吧？只要提出离婚申请，法院绝对不会提出异议。

但事实上，即便是在这类案例中，绝大多数的女性都不会选择离婚。曾经，有一项针对赌博成瘾者的妻子的调查，无论是在日本还是在美国，许多人的回答都是"我必须想办法帮助他"。

然而，她们选择不离婚并不是因为想要帮助丈夫，而是因为害怕一个人生活，做出这样的回答是出于"合理化"的心理。将不离婚的理由从"为了摆脱不安"转换为"想要帮助丈夫"，这样，自己才能更加心安理得。

她们的不安源于不知道离婚之后该如何生活。比起离婚，其实，目前已经习惯的不幸生活是她们的舒适区。正因如此，她们"到死都不愿意放弃不幸"。

所以，我们说，有些人最害怕的不是不幸，而是不安。

为什么我们会
拼命抓紧不幸

　　人们最为执着追求的是安全感，安全感是人生存下去的基础。

　　因此，如果让人们从不幸和不安中选择一个，人们可能会选择摆脱不安，留下不幸。

　　我们以为，大家都"想变得幸福"，且嘴上也都在这么说。其实，生活中，很多时候，人们都得不到幸福。

　　究其原因，如果要在不安和不幸中二选一，很多人都会选择不幸。

　　如果认不清"自己更害怕不安"这个事实的话，就会将自己的不幸正当化。

　　比如，有些女性明明已经深陷离婚旋涡之中，还是要努力扮演一个善解人意的妻子角色，将自己不愿离婚的行为"合理化"。之所以会产生这样的认知错位，是因为她们不明白相比幸福，她们更想要安全感。

对安全感的渴望压倒一切，换句话讲，就是对摆脱不安的愿望超越一切。因此，虽然许多人可能都觉得愚不可及，但认真来讲，其实，"到死都不愿意放弃不幸"的人为数并不少。

拼了命也要抓住不幸的人到处都有。在他们身边的人看来，他们在拼命地抓住不幸的生活。其实，他们是在拼命地追逐内心的安全感。

就像这样，这个世界上真的有人在不断努力，刻意过着不幸的生活。如果是一味做坏事的人，那么，变得不幸也可说是理所当然，但是，并非所有人都是这样。有些人认真地工作，努力地适应社会，有条不紊地生活，却依然会变得不幸。

他们的努力，看起来就很像是刻意为了不幸而做出的努力。

与有相同依
赖症的男子
再婚的女人

如前文所述，赌博成瘾者的妻子说"我必须帮助自己
的丈夫"，完全是为了将自己的行为合理化。她们真正害
怕的是，和丈夫分开后，自己的生活会发生改变，所以，
必须将这个理由合理化，让自己显得更加高尚。

因此，如果不了解哪些事物最让自己不安，就会选
择合理化及后文将详细阐述的否认现实。总而言之，有些
人即便身处不幸的状态之中，也会嘴硬到底，坚称自己绝
对没有不幸。

还有一些例子，和赌博成瘾者的妻子类似。以前我
做关于幸福的演讲时，曾谈到过酒精依赖症患者的妻子。

和酒精依赖症患者离婚后，妻子们都说她们已经受
够了喝酒成瘾的男人。她们痛斥前夫"只知道喝酒，喝完
就打人，根本无药可救"，并表示"这辈子再也不想和喝

酒的人打交道了"。

然而，令人震惊的是，后续调查表明，她们之中半数的人在离婚后会再次选择和同样患有酒精依赖症的人结婚。

她们嘴上说"讨厌喝酒成瘾的人"，其实，她们心里更害怕的是一个人生活导致的不安。更具体地来讲，她们对不安十分恐惧，恐惧到从心底里认为只要能摆脱不安，自己真正的感情根本无所谓。

我重申一遍，请读者务必要理解：对人类来讲，不安就是这么强烈、可怕的情绪。在漫长的人生中，这种可怕的情绪一直在暗中支配着我们。因此，大家学会了伪装自己真实的情感。

为什么我们会掩饰真实的情感

无意识里才有自己真实的情感。

真实的情感都是自发的，不是类似"因为寂寞，所以喜欢上了那个人"的情感。喜欢一个人不是因为寂寞，而是发自内心地喜欢。同样，讨厌一个人也是自发的。

大家生来就都有这种自发的情感。可惜，很多时候，人们都察觉不到这真实的情感。

所谓"真实的情感"，和自己意识到的自我情感并不相同。许多人以为"自己意识到的自己＝真实的自己"，其实，根本不是这么回事，许多时候，"自己意识到的自己"是掩饰了真实情感的自己。

那么，是什么让人们对自己真实的情感产生了免疫力呢？归根结底，还是不安。不安的范围大，影响深，以至于我们的真实情感逐渐被免疫。随即，我们变得不再表在生活中，如果丧失了自我的话，时时刻刻都会介意别人对自己的看法。此外，还会让人无法维持和其他人的关系。对人来说，和其他人都无关的情感是难以忍受的。

露真实的情感，并生出了矫饰过的情感。

此外，随着自己真实的情感、愿望、想法被不安抹杀，替他人着想的善意和温柔等情感也会逐渐消失。

在生活中，如果丧失了自我的话，时时刻刻都会介意别人对自己的看法。此外，还会让人无法维持和其他人的关系。对人来说，和其他人都无关的情感是难以忍受的。

当人们开始依靠不真实的情感生活时，他们会更介意别人对自己的看法。关于这一点，我们可以更深入地思考一下。

比如，有时，人们会厌倦扮演老好人的角色。有的人会担心"这么做会不会让人反感""坚持这种意见会不会让人觉得我在故意出风头",这些都是日常性的不安——害怕给别人留下坏的印象。

有时，人们担心做了某些事情会给别人留下坏印象，即使明明有自己想做的事情，却因为担心失败后被别人取笑而不敢尝试。

失败这种体验本身，几乎没有人会害怕，人们担心的是失败以后别人怎么看待自己，所以才会因为害怕失败而不安。

换言之，不安的根源不在于失败的体验本身，而在于别人如何看待失败的自己。

『好人综合征』源于难以磨灭的自卑感

在公司，因为害怕被上司讨厌，有些人会勉强自己做某些事情。

我曾接受菲律宾媒体的采访，记者们始终无法理解过劳死的存在，他们问道："如果工作到了快要累死的地步，辞职不就好了吗？"

这一现象有其深层次的背景，其实就是因为害怕被上司及同事讨厌所引起的不安。对一个人来讲，被周围的人看低，或自己的价值被否定是件十分可怕的事情。

不安的人没能形成正确的自我意识，他们不断地自我逃避，借助他人获取自我价值，这种现象叫作"借助他人的逃避"。

自己能否正确地认识自我，这一点非常重要。"借助他人的逃避"是因为心里没有依靠，只能寻求他人的认可

自己能否正确地认识自我，这一点非常重要。"借助他人的逃避"是因为心里没有依靠，只能寻求他人的认可来建立自我认同。

来建立自我认同。因此，当被别人感谢，或被别人接受时，他们能够获得安全感，从而感到喜悦和满足。

"好人综合征"的一大心理特征是抱有根深蒂固的自卑感。

一方面，不安的人和其他人的心灵都不相通。他们倾向于自我疏远、逃离别人。

"变得越来越不像自己""自发性情感的丧失"导致"不愿被人讨厌""希望能给人好的印象"之类的观念不断蔓延。

一个人如果无法独立地形成正确的自我意识，为了发现自己，他们能够想到的办法就只有讨好他人。因此，他们无法坦率地说出心中的想法，为了让别人喜欢自己，明明不开心也会逼着自己大声喊："哇，好开心！"

另一方面，他们的内心始终战战兢兢，担心一旦做错了什么事，或说错了什么话，和别人的关系就会走到尽头。即便对方并没有断绝关系的打算，他们也会因为害怕被抛弃而不安。

最终，他们会拼命地保护自己不受这些不安的折磨。想要装得像个好人，于是，不停地向别人道歉，然而，每次做出违背本意的道歉都让他们更讨厌自己。

有些人，明明自己的心情不佳，却还是忍不住去附和别人。只是，在反复这样做的过程中，对那个人的憎恶之情也会油然而生。

没有支撑自己生活下去的真正力量，就会变成这样。

那些过于察
言观色的人

自己的价值体现越是依赖别人，贬低自己的机会就会越多。

"好人综合征"的心理特征是没能建立自我认同，自卑感很强。

感到不安的人会不断接收到"我现在的生活态度存在问题"的信息，但是，很多人都选择无视。

林肯曾说过："曾经，想要被所有人喜欢，结果，我发现自己的真正力量变弱了。"

此外，饱受慢性抑郁症折磨的林肯还说："只要下定决心，大部分人都能变得幸福。"

只要相信自己的价值，即使别人不再喜欢自己也会变得无所谓。

不安的人为了讨别人喜欢，一直逃避做自己。他们并不是没有自我，而是一直在压抑自己的欲求。

"从古到今，奴隶、罪人、社会边缘人装作被动地服从，从而隐藏自己真实的情感，非常巧妙地掩饰自己的憎恨之情，因此，他们表面上十分满足于自己的命运。满足的面具是他们生存下去的手段。"

为了生存下去，不敢做自己的人一味地迎合他人，对他人言听计从。

无法相信自
身价值的人

有个著名的案例叫作"马恐惧症"。

为什么孩子会对马产生恐惧之情？有人觉得奇怪，在做过调查之后发现，孩子真正害怕的其实是他的父亲。孩子之所以害怕父亲，是因为他觉得父亲对自己不满意。

他不堪忍受对于父亲的恐惧，将它们投射到马的身上，转换成了"马恐惧症"。

这种想让父亲对自己满意的心理非常重要。如果这个孩子一直抱有"我讨厌爸爸"的情感，结果会怎样？"我讨厌爸爸"——这肯定不是父亲想从孩子身上得到的情感回馈。因此，孩子将自己潜意识里害怕父亲的情感驱逐到无意识中，找到某一样东西（比如"马"）后，再将恐惧的对象置换掉。

这种恐惧对象的置换在小孩子当中十分常见。抚养过

> 其实，孩子们害怕一些奇奇怪怪的东西，真正害怕的是某个人。如果被那个人讨厌，他们的安全就会受到威胁，这才是孩子们不安的根源。

孩子的家长应该对此都深有体会。其实，孩子们害怕一些奇奇怪怪的东西，真正害怕的是某个人。如果被那个人讨厌，他们的安全就会受到威胁，这才是孩子们不安的根源。

即便是和恋人在一起的时候，有些人也总是十分不安。假设，为了取悦恋人，他们做了某件事情，事后，他们依旧会因为担心这么做对方是否真的高兴而变得不安。

这些案例和前文中所说的过劳死案例并不相同，属于日常性的不安。但是，如出一辙的是，它们都是无法相信自身价值的人才有的不安。

由于这些人过的都不是自己想要的生活，所以，才会产生这种不安——自己无法形成正确的自我意识，这就是我们前文中所说的"借助他人的逃避"。

害怕因拒绝他人而被厌恶的缘由

当寄希望于通过别人的赞赏获得自身的安全感后，我们就会变得小心翼翼，生怕由于说错话，让别人怀疑自己的人性。

另外，一味寻求他人的赞赏，最终，反而会让自己讨厌他人。其实，总是刻意迎合他人的人早已对自己封闭了内心，同时，也没有对他人敞开心怀。换言之，只有靠自己才能认清真正的自己。

别人请求帮忙时，不管事情有没有超出自己的能力范围，他们都会答应下来。随后，又开始对完不成的话该怎么办感到不安。虽然也会努力去做，但是，这过程中的所有事情都会增加这种不安，让自己越来越痛苦。

为了获得别人的赞赏而拼命地努力，却又因为这样做而越来越讨厌别人——这类人其实有很多。

人际关系中的挫折及沟通交流中的障碍全都源于不相信自己是一个独立的人。

简言之，人际关系中的挫折及沟通交流中的障碍全都源于不相信自己是一个独立的人。这才是不安的本来面目。

接下来，我想再探讨一下不安的症状。我们可以思考：人为什么会如此不安？

通过拼命努力，能获得幸福自然最好，但是，前文中我们曾经说过，现实世界中也有人因此而变得不幸。为什么会有人拼命努力让自己变得不幸呢？

没有感受过不安的人可能会觉得不可思议——为什么有人会因为一些微不足道的事情烦恼？他们以为，自己不想做的事，拒绝不就好了？然而，当事人无法拒绝，他们会接受那些超出自己能力范围的请求。

因为他们害怕一旦拒绝，自己会被对方讨厌，所以，才不停勉强自己，拼命想要做成自己做不到的事。他们害怕一旦拒绝，自己的价值会被否定，不再被认同，所以根本无法拒绝他人。

这就是前文所述的"借助他人的逃避"，是罗洛·梅及许多人曾说过的"成功者的抑郁症"。

有种心理疾病叫微笑抑郁症，患上这种抑郁症的人勉强自己不断努力，最后被大家评价为"这个人怪怪的"。被大家这样看待，正是这类人只能通过别人的评价来维持自我的证明。

能够正确认识自己的人、无须借助他人逃避的人则完全没有这种烦恼，他们只会觉得不可思议。

因为拒绝别人后，即便被对方讨厌，他们也能冷静思考"被那家伙讨厌对我有什么损失吗"。能够做出这种思考，根源在于他们形成了坚定的自我，即便被人讨厌、被人贬低也不会变得不安。

相反，依靠他人形成自我的人会非常害怕自己的"风评"变差。前文中，我们曾说过，这种不安的情绪非常强烈，因此，他们即使勉强自己也要接受别人的请求。

所以，面对那些因琐碎小事而烦恼的人，讲再多的道理都没有用，因为他们无法确认自己的价值，心底的不安一直没有消失。

那些无法独自活下去的人

　　不安是一种极其强烈的情绪。同样的，不安波及的范围及深度也超乎想象。

　　因此，产生不安情绪的人和没有不安情绪的人很难顺畅地沟通。如前文所说，在没有不安情绪的人看来，完全无法理解对方为什么会为不值一提的小事而烦恼。

　　每当有过劳死的新闻出现，社会舆论必然会分化成两派。一派认为"从公司辞职不就好了？公司又不是只有一家……"，另一派则认为"那家公司太坏了"。

　　许多女性离不开赌博成瘾的丈夫、酒精成瘾的丈夫以及工作狂丈夫。

　　为什么？

　　因为她们害怕一个人开始新的生活。

　　像这样，在很大程度上，是否不安影响着我们的生活态度、言行举止。比如，前文我们所说的"成功者的抑郁症""微笑抑郁症患者"，仔细考究起来，它们都包含两个矛盾的要素，非常分裂。

倾尽一切束缚对方的人

德国的精神病学家特伦巴赫曾就"亲和型性格"做过具体说明,"亲和型性格"的意思就是抑郁。按照特伦巴赫的说法,抑郁亲和型性格的人无法一个人生存,他们会把自己的全部都奉献给别人。

世界上有许多人并不那么善良。举个例子,对喝酒成瘾的男性来说,抑郁亲和型性格的女性是绝佳的目标。因为这样的女性能够迁就自己,所以,他们才会把"我喜欢你"挂在嘴边。可惜的是,喜欢上他们的女性并没有意识到这一点。

等到结婚以后,必须到心理科接受治疗的绝对不会是男方,而是女性一方。

前文曾经说过,不安的人会掩饰自己真实的情感。他们不能清楚地认识自己,也认不清别人。因为不安的人并不安的人会掩饰自己真实的情感。他们不能清楚地认识自己，也认不清别人。因为不安的人并没有认真地观察过对方。

没有认真地观察过对方。

相反，喝酒成瘾的男性立刻就能发现"这个女人很适合我"。他们会敏锐地察觉到"她对我言听计从"，随后，他们便会迅速地锁定目标，主动出击。

请记住这一点：狡猾对软弱十分敏感。狡猾的男性不会为了自发的情感去恋爱、结婚。

而抑郁亲和型性格的人倾尽一切去讨好对方，只因为他们无法独自生存。因为无法独自生存，所以，为了对方付出所有。这和出于自发的情感，因为喜欢对方而倾尽一切是不同的。

此外，对抑郁亲和型性格的人来讲，为对方付出所有是意识层面的事。实际上，他们内心是希望通过倾尽一切来拴住对方。因为无法独自生存，不安到不能自已，所以，他们下意识地倾尽所有来束缚住对方。

旁观者能够风轻云淡地说："唉，这是运气不好，快和那男人离婚吧。"但是，人心并没有那么简单。如果不能准确地理解复杂的人心，在人际关系中，我们就会步步走错。

抑郁亲和型性格的人努力地讨好别人，但是，这并不是为对方考虑后做出的行为，而是出于不安，想要死死缠住对方。为了对方倾尽一切不过是为了达到这个目的的手段。

特伦巴赫将这种下意识地纠缠对方的现象称为"自私地关心他人"。

讨好对方，却不是真心地为对方考虑，这代表着他们并没有理解别人的真正需求。

不安导致的情绪冲动

不安的人往往会因为别人无意中的行为而出现情绪波动，甚至丧失冷静，变得情绪化，即使微不足道的小事也能成为问题爆发的导火索。

这些微不足道的小事本身不是问题，问题的根源在于不安者的心理层面。总而言之，不安导致内心混乱的现象之下隐藏着更深层次的问题。

"为什么那人总是因为一点小事就暴怒、痛哭或是大吵大闹呢？"这种时候，小事本身不是问题，当事人无法控制自己的不安才是。

大家都以为，大人物总是能够不动如山，其实，每个人的情绪都会有波动，只是大人物的内心有他们坚定的基准线。相反，不安的人不相信任何东西，因此，他们总是丧失冷静，被情绪操控。

对人类来讲，不安是很恐怖的东西。

因此，我们在前文中曾讲过，如果要在不安和不幸之中做选择，人们会选择不幸。

这是因为人们总是想守护自己现在拥有的一切。对现在的自己的执着是一个无底的沼泽。想要消除不安十分困难，重要的是不执着于地位等外物。

后悔、憎恨、无法原谅……放弃这些想法是前进的第一步，不停前进造就整个人生。然而，即使明白这个道理，遇事时，人们依旧会冲动，心里想的全都是"那家伙绝对不能原谅"。

即使听到别人的劝解，因为小事烦恼的人自己心中的烦恼也不会消失，其原因就在于此。

『一言不合』就口出污言的人

感到不安的人，必须充分认识到自己已经陷入不安这一事实。越是在不安的时候，越要抛弃周围人想要从自己身上索取的价值，追求自己信奉的自我价值，重构自己的价值观。

如果不能重构自己的人格，再怎么努力也无法避免自我价值的崩溃。不仅如此，不断地努力反而会导致问题越来越多，使自己被孤立，并消磨掉自己的心性。

不安的人总是会努力自我消耗。被不安消耗到筋疲力尽后，他们再也感受不到人生的喜悦。

小朋友之所以每天都很快乐，是因为他们有着无穷的精力。遗憾的是，抑郁亲和型性格的人及陷入不安的人缺少这种精力。

明知不是重大问题却还是为琐事发怒的人，他们自感到不安的人，必须充分认识到自己已经陷入不安这一事实。越是在不安的时候，越要抛弃周围人想要从自己身上索取的价值，追求自己信奉的自我价值，重构自己的价值观。如果不能重构自己的人格，再怎么努力也无法避免自我价值的崩溃。

身的问题可能更为严重。比如，夫妻两人会因为买哪一栋房子的问题而争吵。购房花费巨大，是人生当中的重大问题。因此，围绕这个问题出现种种争论并不足为奇。

相反，如果为了某些完全无所谓的问题大吵大闹，这就有问题了。因为这些无所谓的问题不过是导火索，却将两人心里的芥蒂呈现在了表面。

我曾做过一档广播节目叫作"电话里谈人生"。节目中，有很多女性打来电话诉说烦恼，表示丈夫经常因为自己的一句话回答得不对就暴怒，而且，他们一旦发怒，往往很久都无法恢复平静。

一个是围绕"买哪一栋房子"等重大问题认真地争论，一个是因为问题回答得不对而暴怒不已，后者背后隐藏着根深蒂固的问题。有的人因为一点小事就暴怒，且很久不能平静，对受害者来讲，他们完全无法理解对方为什么会愤怒到这种地步。其实，这是攻击性对象的转换。他们真正的攻击或憎恨的对象其实藏在别处。不过，他们害怕面对这些愤怒，因此，将它们从意识之中驱逐出去，转换了攻击对象。

人们都渴望摆脱不安，因此会不停地重复这种攻击对象的转换。

由于害怕和某人的关系恶化会对自己不利，只能将对这人的愤怒全部压抑下来。然而，愤怒需要宣泄的出口，于是，便将攻击对象转换成了别的人。

"别的人"就是那些无法伤害到自己的人。确定"即使攻击这个人，自己也不会不安"后，进攻的矛头就掉转了方向。

有些人"表面看起来很和善"，不安的人往往都是这样。在外面，他们表现出攻击性可能会伤及自己，所以，他们选择对家里的另一半锋芒毕露，毕竟，对方几乎不会和自己分开，可以放心地进攻。

丈夫因为妻子一句不满意的回答就暴怒，根源在于他无法向造成不安的罪魁祸首表露攻击性，因此心底堆积了大量的不安、敌意及攻击性。

因为一句不满意的回答就暴怒，直到深夜两三点还愤愤不平，毫无疑问，他是将在外面累积了许久的怒火全部倾泻在了安全的对象身上。

将攻击性埋藏在心底，目的是逃避不安。由于害怕不安，因此，人们在想要逃离不安时、感到不安时会将攻击性掩藏在潜意识深处。

更具体来讲，丈夫对自己和妻子之间的联系纽带并不自信。在丈夫的心中，自己和妻子没能建立起稳定的关系。如果能和妻子建立稳定的信任关系，和外人之间的关系也能少一些不安。

总而言之，正是因为和所有人都没能建立稳定的关系，所以，一句回答就能让丈夫对自己和妻子的关系产生不安，从而变得烦躁不安。即便没有这一句话，他也会因为回家时妻子没能及时迎接而烦躁，并充满敌意地攻击她。

丈夫真正想要的是自己正和某人牢牢联系在一起的信心。在他们眼里，迎接的态度、不满意的回答都是自己孤苦无依的证据。

　　因为不安，丈夫更渴望安全感。他们不过是希望妻子能更加关心自己，是在寻求内心的依靠而已。

　　如果感受到妻子离婚的决心，丈夫的态度可能会一百八十度大转弯。因为他们发现，向妻子宣泄怒火已经不再安全。

易怒易受伤的人

"临床上经常能观察到这种现象：那些叛逆心强、独立性高、孤独的人一直在压抑与他人结下稳定关系的欲求和愿望。"

因为些许小事就勃然大怒的人无法和别人心灵相通，这使得他们一旦发怒就迟迟不能平复心情。

我曾在广播节目《电话里谈人生》中询问打来电话的听众："那种事情，两个人好好地谈一谈不就解决了吗？"有人回答："我丈夫一说话就生气，根本无法沟通。"

易怒的人其实想要和别人建立联系，他们的内心一直在呼喊"救救我"。那些因为一句回答就暴怒的丈夫其实一边在暴怒，一边在向承接自己怒火的人谋求联系。

同时，遇事就觉得受伤，立即暴怒的人也在受着不安的折磨。不安和自卑感、敌意牢牢交织在一起，已经构成了那个人的人格。拥有这种人格的人极度分裂，没有办法和人正常沟通。

由不安、自卑感和敌意构成人格的人，即便遇到行动起来就能解决的问题也不会采取行动。

这使得他们不安，被消磨得憔悴不堪。有些人则表现得充满敌意和攻击性，甚至让周围人觉得不可理喻。这是因为他们的心已经完全被不安占据，才会为不值得一提的事情勃然大怒。

"攻击性不安"隐藏着烦恼、担心等心理。在他们的潜意识里，正在大喊"救救我"！

在日常生活中，察觉不到自己本心的人（也有人已经察觉，却只会悲叹，不会采取行动）会不停攻击别人，本人却对此毫无察觉。

心理的疾病会通过人际关系表现出来。

一味烦恼、不停悲叹的人交不到心灵相通的朋友。

心灵没有支撑。

有的努力只会导致不幸。

有些事情只要停下来就能获得幸福。

但是，人们无法停止通往不幸的努力。

这就是不幸依赖症。

放弃让人变得不幸的努力，只
要有这种勇气就能获得幸福。直面
"本来的自己"，停止逃避"危险"。
只要有这种勇气就能获得幸福。

即使想要停止变得不幸的努力也根本停不下来。

这和酒精依赖症患者无法戒酒是同样的道理。

放弃让人变得不幸的努力，只要有这种勇气就能获得幸福。

直面"本来的自己"，停止逃避"危险"。

只要有这种勇气就能获得幸福。

看到这里，相信读者已经了解不安是多么地恐怖。

我们都说想要变得幸福。可能，没有人想要变得不幸，大家都渴望幸福。然而，相比渴望幸福的心情，摆脱不安的愿望要强烈得多。

为了摆脱不安，即使变得不幸也没有关系，这就是所谓的"到死也不愿意放弃不幸"。

在世界上，这样的人有许多。到死也不愿意放弃不幸的，全都是不安的人。

因此，要想消除不安，首先，请思考自己是否真的不安；其次，请思考与自己有关的人是否不安。

在此基础上，当陷入不安时，最重要的是必须清晰地理解自己为什么会不安，然后，重新构建自己的人格。

第三章

不幸总比不安好

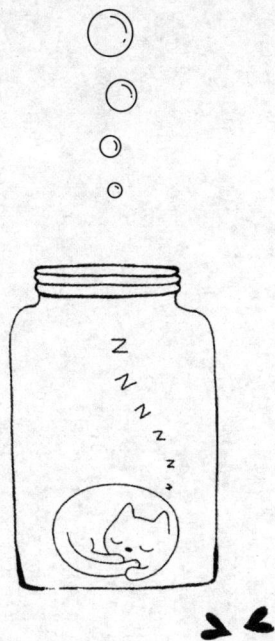

向内求

在善变的世界里，安顿自己

　　我已经讲过，到目前为止，并没有什么方法能够轻松地减少不安。

　　然而，我也说过，我们生活在这样一个社会中，与我们人生中所直面的不安等各种烦恼相伴，我们都被竞相教导着还有一种"简单的生活方式"。

　　这么说，有点跑题了，不过，在我们生活的社会中，的确存在诸多难以解决的问题。例如，欺凌就很难被彻底根除。同样，拒绝上学的问题不会消失，虐童现象层出不穷，家庭暴力和权力骚扰也同样很不容易消除，精神疾病也是一直存在着的。这些问题都不会在几十年甚至几百年内消失。

　　那么，为什么还会不断重复同样的问题呢？

　　那是因为我们还不能理解我前面一直强调的不安心

理有多可怕。事实上，除非我们能明白这一点，否则，任何教育都会失败。

我们一直被教导"欺负人是不对的"，但是，是不是教育过了欺凌就彻底消失了呢？结果，欺凌却仍然继续存在着。

为什么没有消失呢？

"欺负人是不对的"，这个道理大家都懂。假设，有一半的人不知道"欺负人是不对的"，那么，"欺负人是不对的"这样的教导还会有效果吗？事实上，即使是欺负人的人也知道"欺负人是不对的"。

因此，欺负别人的人都是背着老师在进行欺凌。当我问那些霸凌当事人时，他们会说我们从来不会做那些"会被老师发现的欺凌"。

尽管每个人都知道"欺负人是不对的"，但是，欺凌却仍然没有消失。虽然解释起来有点麻烦，但是，我这里想说的是，如果不知道"为什么不消失"的原因，而只是反复地说"这样不好，这样不好"，那么，它就根本不会消失。

而我们需要考虑的是："为什么我们没有克服困难的能力？"

消费社会助长人们做出不幸选择

　　正如我之前所讲述的，我们正处于一个消费社会的陷阱之中。如果不彻底理解它的话，我们将无法解决社会上所存在的问题。

　　消费社会教给了我们一种难以想象的简单的解决方案。它教导我们，如果这样的话，我们的自恋将会得到满足。最后，会使人陷入患上神经症的境地。它告诉我们，原本不该存在的不成长就能存活下去的社会也许是真的存在的。

　　现在的人们，在现实的生活中，一边抱怨幻想存在着一种本不应该存在的"魔杖"，一边在一个竞相销售商品的消费社会和竞争社会中生存。

　　人们努力地寻找着这种幻想中的魔杖就等同于拼命地选择着苦难。最后，人生也陷入了困境。

我们正处于一个消费社会的
陷阱之中。如果不彻底理解它的
话，我们将无法解决社会上所存
在的问题。

"许多不幸的人固守着使他们陷入不幸的思维方式、生活方式和感受方式，就好像他们执着于试图保持不幸一样。"

如果我们问："你想要幸福吗？"每个人都会回答说："我想要幸福。"但是，不幸的是，多数时候我们怎么都没办法变得幸福。相反，我们可能拼死努力地执着于让自己不幸。

之所以会这样，是因为"我想避免不安"比"我想幸福"的念头更加强烈。因此，最终结果是选择了"变得不幸的方式"。

在第二章中，我们谈到了一个丈夫有酒精依赖症的女性。

在这种情况下，比较幸运的是能够与有酒精依赖症的丈夫离婚吧。本来，这样就能变得幸福起来，也应该变得幸福，然而，在调查了与有酒精依赖症的丈夫离婚的女性时发现，她们的再婚对象往往也是有酒精依赖症的男性。

从意识上来说，我觉得，这样的女性根本不想和一个有酒精依赖症的男性有任何瓜葛，免得再被暴力对待，或自己辛辛苦苦打工赚来的钱被花掉。如果自己真的讨厌这样的人，那就干脆不要再嫁给一个酒鬼就好了。

然而，实际上，大多数人不会与酗酒者离婚，离婚的女性也仍然会与酗酒者结婚。

究其原因，她们在意识上的确是这么想的，我这辈子都不想再和酗酒者产生任何关系。这的确是她们的真实想法。然而，在不知不觉之中，这些女性却在潜意识里寻求着这样的男性。

这种意识和潜意识之间的背离是不安症患者的性格特征。可能我们都没有注意到，但真正驱动我们的是潜意识，而不是有意识。这就是她们仍然会再次和一个有酒精依赖症的人生活在一起的缘故。

选择不幸，怨恨他人的人

　　许多女性表示，如果要在与有酒精依赖症的丈夫生活在一起的不满和离婚后独自生活的不安之间做出选择的话，她们会选择前者。

　　幸福向右，不安向左，在自卑感被治愈的岔路口，很多人会选择向左转。就这样，这个人自愿选择了放弃幸福。

　　为什么有的人每天都会烦恼？

　　为什么有的人每天都会说"我想死"？

　　那是因为不安的感觉比不幸的感觉要强烈得多。

　　所以，很多人只能过着"死也不会抛开不幸"的生活。

　　那是因为从心理上来说，不幸比不安可能更让人觉得轻松。

意识到自己潜意识中的仇恨是幸福的起点。如果我们不承认这一点，那么，可能永远都不会感到幸福，也会持续着那种让自己变得不幸的努力，直至死去。

有一种努力叫作越努力越不幸。

只要我们放弃努力，就会变得幸福。

但是那种会让我们变得不幸的努力，想要停止却怎么也停不下来。

这就像有酒精依赖症的人无法停止饮酒一样。

每个人都希望幸福快乐，这种感觉是不会撒谎的。

但这种不快乐的魅力远比对快乐的渴望要强烈得多。

每个人都知道，如果我们刁难、欺负别人，自己是不会快乐的。为他人的幸福而工作的美好感觉，我们知道它是让自己快乐的原因。

意识到自己潜意识中的仇恨是幸福的起点。如果我们不承认这一点，那么，可能永远都不会感到幸福，也会持续着那种让自己变得不幸的努力，直至死去。

不安之人，很难与别人产生连接

不安的原因之一是被隐藏起来的愤怒，这是那个人潜意识中就拥有的东西，而不是有意识的东西。

有些人总感觉自己孤身一人，被丢在充满敌意的世界里，最重要的是他没有办法相信任何别人。因为对周围世界的无意识的愤怒和敌意是不安的原因，但是，本人却不知道这个原因。

例如，"我对我妻子的一种回应方式感到愤怒""我对一种欢迎我的方式感到愤怒""如果孩子没有高兴地在玄关迎接我，对我说'爸爸，你回来啦'，我就会把桌子掀翻，在家里大发雷霆""我会心情很差地陷入沉默"……

以上这类男性那种潜意识中的愤怒和敌意，其背后潜藏的则是寻求与家人产生联系的渴望。

正如我之前所说，如果我们能够心安理得地认为自己与他人有着很强的联系，就不会因此而生气。

　　表现出来的是"立即怒吼""掀桌子"等，但是，潜意识里所渴望的是想要与家人建立稳定的关系。不是经济上的联系，也不是血缘上的联系，而是真正地能够触动彼此心灵的……稳定的关系，是一种确信自己和他人的心彼此相连的安全感。

　　即便如此，他们还是不敢相信人，因为不安，所以他们会做出很多奇怪的反应——表现出来就是具有攻击性，但是，所渴望的是一种"想要与他人建立联系"的人类的欲望。我觉得这类丈夫的内心最深处想要的是一种安心感。正因为不安，所以，才会表现为愤怒。

　　那么，他们为什么会如此不安呢？我觉得在这种情况下，是因为他们没有与妻子等家人建立起真正的联系。

消除不安的方法之一——潜意识意识化

罗洛·梅曾这样说："这是一种临床上经常能观察到的现象，从叛逆的意义上来说，一个独立、孤立的人有与他人建立联系的欲求和愿望。"

重要的是后面所说的"他们抑制着那种欲求和愿望"。

换句话说，有这类问题的人，本人并没有意识到自己潜意识中存在想与他人建立稳定的联系的愿望。

因此，消除不安的方法之一就是"潜意识的意识化"。

要努力让自己意识到："我真的想要一个稳固的关系，我非常渴望心与心的紧密连接。"要让自己意识到："我迄今为止都不曾拥有过它。"

罗洛·梅说"从叛逆的意义上来说，我是独立的"，其实就是"我不需要任何人的关心和照顾，我就是孤单一人"，它既不是自力更生，也不是独立。

消除不安的方法之一就是"潜意识的意识化"。要努力让自己意识到："我真的想要一个稳固的关系，我非常渴望心与心的紧密连接。"

真正的独立和自立指的是在人际关系中的独立与自立。

一旦发生点什么，就会觉得受到了伤害并开始愤怒的人，进一步说，就是容易受到伤害的人，他们经常因为不安而烦恼。这样的人，他们自己并没有意识到自己有这些潜在的问题。

为了让自己变得独立、自立，这些人不懈努力。有的人不断地进行着坐禅修心、用冷水浇灌全身的修行，为了让自己不受伤害而努力变强，但是，这些都是徒劳无功的。

除非他们能够理解自己处于不安之中的现实，并努力消除使自己不安的原因，否则不会有任何改变。

隐藏在潜意
识里的敌意

阿德勒使用了"攻击性不安"一词，正如它的字面含义一样，不安具有向外界寻求帮助时释放信号的功能。

如今的时代，充斥着各种无意义的信息，人们时刻都在被自己是不是被当成了牵线木偶这样的不安支配着。而处于烦恼之中的成年人，也会像孩子一样，在寻求帮助的同时表现出攻击性。

我们经常发现，某些类型的不安是建立在攻击性情绪的基础之上的。换句话说，愤怒的人，经常会感到不安，稍有风吹草动就会感到受伤和生气的人，也处于不安之中。

如前文所说，不安、自卑情结与敌意牢牢地结合在一起，逐渐形成了这种性格。换言之，不安的各种症状都体现在那个人的性格上。

如果我们能够意识到因为自己潜意识里藏有敌意，所以才会有各种各样的感觉，那么，我们对世界的感觉就会发生改变。当我们感受和感知事物的方式发生了变化时，我们周围的世界便不再像以前那样带有敌意，而是一个完全不同的世界。

仅仅因为妻子的一种迎接方式，为什么就会让他如此生气？那是因为，此人就是这样的一种性格，即他们都有着强烈的自卑感，并且，他们在潜意识当中藏有敌意。

或许，只要能够注意到他们心底隐藏的敌意，这类人的世界看起来就会大不相同。

他感受事物、认识事物的方式也会发生变化，对那个人来说，周围的世界不再像以前那样带有敌意，而是变成了一个完全不同的世界。

如果我们能够意识到因为自己潜意识里藏有敌意，所以才会有各种各样的感觉，那么，我们对世界的感觉就会发生改变。

　　当我们感受和感知事物的方式发生了变化时，我们周围的世界便不再像以前那样带有敌意，而是一个完全不同的世界。

　　当我们意识到自己有一个被隐藏起来的意识，并通过它来感受各种事物时，我们对世界的感觉就会发生改变。

那些没有行动、持续哀叹的人

如果能够改变自己的想法并付诸行动的话，就迈出了解决各种事情的第一步。但是，有不安问题的人，则一般不会立刻开始行动，而是会持续哀叹。

结果，由于不安而面容憔悴，不仅如此，甚至有些人无法掩饰自己的敌意开始攻击他人。有的人一张嘴就开始说别人的坏话，也是不安所致。为了让自己从那种不安中解脱出来，便总是说一些批评性的话。

站在一个没有不安情绪的人的角度来看，他一定会想："这个人为什么总是要说别人的坏话，为什么总是批评别人呢？"

明明有所行动就可以解决问题，但是，他们却毫无行动，只是持续哀叹。一方面，这是因为每个不安的人都在不知不觉中被自己的潜意识驱使。由于被潜意识中的退普通人都是处于退行欲求与成长欲求的纠葛冲突之中，并以成长欲求为基础努力地生活着，直至生命的尽头。

行欲求驱使，所以，哀叹会令他们感到愉快和舒适。

退行欲求是一种类似孩子希望母亲来哄自己的以自我为中心的心理现象。人类正处于这种退行欲求与想要摆脱它的成长欲求二者之间的冲突之中。马斯洛说"顺从成长欲求会带来风险和负担"，但是，普通人都是处于退行欲求与成长欲求的纠葛冲突之中，并以成长欲求为基础努力地生活着，直至生命的尽头。

另一方面，有些人只是在哀叹，原因是哀叹可以满足其本人的退行欲求，并且，因为被满足了，所以愈加无法停止。

请不要为哀叹之人提任何建议

本是出于好意，你给一个正在哀叹的人提了一个具体的解决方案，"如果你这样做的话，就能解决问题哦"，然而，回答你的可能是一张不愉快的面孔。

对方之所以会摆出一张不愉快的面孔，正如我前面所说的，是因为烦恼、叹息这些行为只是满足了人们潜意识中的退行欲求。

卡伦·霍妮曾说过："对那些处于烦恼中的人来说，最大的救赎就是烦恼。"这意味着他们正在满足自己的退行欲求，而忧虑则是其最大的救赎。

据说"没有其他疾病像抑郁症那样更需要他人的理解"。从另一角度来讲，也可以说，"没有任何疾病比抑郁症更难于被他人理解"。因此，抑郁症很难治愈。

抑郁症患者说"我想死"，是因为那样可以满足他们的退行欲求，而烦恼则是他们的最大救赎。

　　患抑郁症的人很容易因一些小事就变得沮丧。对此，心理健康的人会觉得："为什么会因为这么点事就感到沮丧呢？如果因为这么点事就感到沮丧的话，那么，你一定是从早到晚都在沮丧的。"

　　心理健康的人会这样想并不奇怪。但其实，患抑郁症的人是为了满足他们的退行欲求而沮丧，进而开始影响周围的人。

『我是如此痛苦』是隐藏起来的谴责

这是非常重要的一点，据说正是因为无法理解这一点，所以才很难理解抑郁症。正是由于这一点，所以没有任何疾病比抑郁症更需要被理解，也没有任何疾病像抑郁症那样难以被理解。

换句话说，当某人说"我是如此痛苦"时，其实，这只是他表达批评的一种方式。在说"我很痛苦"的时候，其实，他是在批评别人。当然，他本人是意识不到这一点的，他只是在无意识地批评别人。

为什么谴责会以表达痛苦的方式呈现出来呢？这是因为这些人不能当面批评别人。因此，他们只能用一种隐性的批评以痛苦的形式表达，并不停地说着"我很痛苦，我很痛苦"。

一个人如果没有沟通的能力，就没有办法生存下去，

> 由于压抑了自己内心的敌意等情绪，所以，导致它们变换了姿态表现了出来。如果不理解这一点的话，你将无法理解世界上很多已发生的、让你觉得不该发生的吓人事件。

这与不会说英语或不会使用电脑有着本质的不同。人们即使不会这些技能，也可以生存下去。

但是，如果一个人没有沟通能力，就没有办法生存下去，就只能躲在家里闭门不出。根基不稳，再加上不安的性格，所以，就只能躲起来了。

他对根本无须害怕的东西也会感到害怕，即使是那些根本没有必要担心的琐碎事情，也会担心得不得了。

要想理解所有这些心理，我们必须理解这样一点：其实，他们的忧虑是从攻击性所演变出来的东西。简言之，由于压抑了自己内心的敌意等情绪，所以，导致它们变换了姿态表现了出来。如果不理解这一点的话，你将无法理解世界上很多已发生的、让你觉得不该发生的吓人事件。

　　不安的人有着非常强烈的念头，在周围的人看来，那都是些难以想象的念头，例如"我受到了不公平的对待"和"那个人是一个非常讨厌的家伙"，等等。

不安是生活方式亮起的红灯

我们都希望尽可能地避免不安感，这是人之常情，但不安感也在传达着这样一种信息："我现在的生活方式一定是在什么地方出了问题。"

由于是潜意识中存在的问题，所以自己并不知道，但不安感是一盏红灯，标志着生活方式出现了异常。我们必须立即注意到并修复它。

但是，有时，我们会摆脱这盏红灯。

不安常伴随着固执。例如，有很多人固执地认为那个职业是好职业，而这个职业则不是。我们求职的时候，可能也发生过这样的事，固执地认为这是一家好公司，而那家则是一家很差的公司。

直白地说，不安是一种陷入了以不适合自己的生活方式生存着的心理状态。换句话说，不安的人过着一种不属于自己的方式生活，并且，在很长一段时间内，他们都被迫以这种不适合自己的生活方式生存着。

有的人出生在父母相亲相爱的家庭，生活在爱的包围之中，有的人则生活在饱受虐待的环境之中。

有些人在一个彻底专制的家庭中长大，从小就被教导"这个职业很好，那个职业不好"，于是，他们也会固执地认为自己被教导的才是正确的。

服从权威的孩子心中产生的矛盾并没有得到解决。通过顺从父母，这些孩子付出了放弃自己的能力和与内心保持一致性的代价。在没有注意到这个事实的情况下，他们变成了成年人。

因为服从，他们有意识地稳定了下来，但是，潜意识中却产生了敌意。由于意识和潜意识之间产生了分歧，导致他们的内心始终处于不安之中。

因此，如上所述，重新构筑能够重新审视自己价值观的人格是很重要的。

由于不安感是盏红灯，所以，如果你感到不安，就要学会提醒自己"啊，红灯亮了"，并开始思考"发生了什么""我有理解得不对的地方吗"。

因为不安，所以会"想想自己现在有什么理解错了"，这也是改变自己生活的标志。如果能够从此开始改变自己的生活方式，我们会注意到自己的人生也被大大地拓宽了。

　　从这个意义上说，这也是一个非常好的机会。

如果你在一个专制的家庭中长大，那么，你也会被灌输这样的价值观。沉浸于权威主义的思想之中，这并不是你自己的错，因为从小你就一直在学习这种价值观，并长成了这样的大人。

"事业成功，人际关系失败"，这句话经常在英文论文中出现。

即使是在专制的家庭中长大，并且带有一大堆偏见思想的人，也可以在事业上取得成功。他们即使是做自己不擅长的事、不符合自己个性的事，只要拼命地努力，也是有机会取得成功的。然而，对这样的人来说，这是非常痛苦的人生经历。所以，他们可能会患上成功人士的抑郁症。

对人类来说，有许多重要的生活方式。我们可以从众多的生活方式中选择最适合自己的一种，但是，我们却常常固执地认为这是唯一的生活方式。

莫名其妙的不满

"总觉得我不适合现在的工作""我总是感到不安"。

通常，有这种感觉的人都是在自己没有意识到的地方抱有问题。

心里积累了太多事情的人，很难在心理上独立，总会莫名其妙地感到不安。如果我们能够在自己的能力范围内去做自己能够做到的事，那么，我们就不会被莫名其妙的不安困扰。

如果我们总是试图超越自己的能力范围，想要随心所欲地控制自己的生活，我们的心里就会产生冲突，这会阻碍我们的独立性。然后，因为不能自立而感到不安。

但是，如果我们知道自己能力的极限，能够与人合作共同面对社会生活中的各种困难，专注于过程而不是目标，这样，我们就能坚强地走到最后。

有些人总是对世界和世上的人有莫名其妙的敌意。

有些人总是有着说不清的抱怨。

莫名其妙的不安也是如此。

一边努力压抑着敌意的情绪，一边饱受莫名其妙的不安的困扰，这样的人，常常试图以"修行"的名义来训练自己，比如，打坐什么的，结果，只会让他的人格变得扭曲。

相反，首先要做的是找出让自己感到不安的原因。

不管怎样，认真对待生活的人往往容易带着克服弱点的想法去刻苦修行。修行固然很重要，但更重要的是，人尽其才，努力为社会服务的生活态度。想要训练自己的想法，如果我们走错一步的话，实际上，就可能变成逃跑而不是锻炼。重要的是判断自己擅长什么，不擅长什么，勇敢面对困难的这种心态。

据说，越是不安的人，越喜欢在祈祷时玩抓阄游戏。这可能是内心的冲突以玩抓阄游戏的形式表现出来了吧。

第四章

假性成长与隐藏的敌意

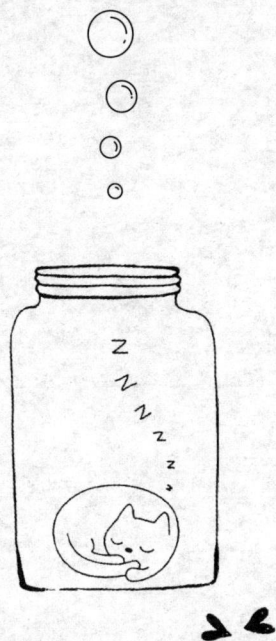

向内求

在善变的世界里，安顿自己

我想思考一下"假性成长"这个词的含义，这是马斯洛说过的一个词。

成长当然是好事，但是，这里的成长之前还附上了"假性"二字。换句话说，假性成长并不是真正意义上的成长，而是虚假的成长，是通过过度地压抑未能实现的欲求来实现的虚假成长。

例如，孩子本来应该是有各种各样欲求的，然而，如果他们抑制这些欲望，而完全按照父母要求的去做，即使自己的欲求没有得到满足，也认为一切都得到了满足。那么，这就是一种自我欺骗。

当学生犯下令社会震惊的罪行时，有时电视、报纸等媒体会强调说这本来是一个"模范生"。令人惊讶的是，即使有的人犯下了杀死陌生人的罪行，有时也仍称其在很多人看来，听父母的话，听老师的话，上学不迟到、不旷课，确实可以称之为模范生了吧。

然而，这类学生其实是假性成长。乍一看，似乎是成长了，但他们内心里却一点也没有成长。

马斯洛用"站在极其危险的基础上"这一说法来描述这一现象。一个看似在社会上非常成功并很适应社会的人，实际上有可能是"站在一个危险的基础上"的。

由于假性成长的人拒绝内心的变化，那么，其视野自然也非常狭窄。

假性成长之后……

作为假性成长的例子，我们讲了模范生的犯罪，但其实中老年人自杀也可以从假性成长的角度来考虑。

试想一下，人的中老年时期可能是一生中最为睿智的时候。当年龄增长到某种程度之后，他们的生活经验也相应地增加了。

也不是像我这么大年纪，肉体机能已经开始退化迟钝，而是处于思想和身体最为成熟的时期。

在这个拼命努力的年代，如果没有足够的克服困难的能力，有些人虽然看似做着对社会负责的事情，但是，很有可能会突然自杀。

这些人的努力，可能是为了证明自己比别人优秀。这种假性成长只是为了让自己变得不幸的一种努力。因此，如果你不想变得不幸，就必须停止这种努力。

世界上，有很多人在为自己不幸而努力着。有的人为了能够超过其他人，宁可在自己不喜欢的工作中成长。这样的人往往戒备心理很强，难以与他人产生心灵的共鸣。

美国某新闻节目介绍毒品时曾特别说明过，许多因毒品而自杀的孩子都拥有"最优秀、最聪明"的特质。

这个节目的内容讲的是那些死于毒品过量的孩子。

从外表看，即使是那些"最聪明的孩子"，其内心也可能正经历着无法忍受的痛苦，他们真正的欲求得不到满足。正如前面所说的一样，他们正处于极其危险的状态。

他们从小接受的就是这样的教育，并相信这就是最好的。虽然他们表面上看起来非常聪明，但实际上，他们只是在努力做着自己不喜欢的事情。这就是他们感到痛苦，以至开始沾染毒品的原因。

人生不总那
么阳光积极
才真实

假性成长的人实际上是欲求不满的。从社会的角度来看，他们是在成长，但实际上，他们存在的部分是有空白的。

所谓生存，不过是吃饭睡觉。另外，所谓的实际存在指的是生存的意义、价值和生活的张力。

假性成长的人对这些部分是抱有不满的。即使他们适应了社会，也未必能守住自己的本能冲动，并产生自我疏离的感觉。从表面上看，一切似乎都很好，但对生活并没有起到积极的作用。虽然他们内心深处抱有严重的自卑感，但表面上，他们似乎对生活并不失望。

奥地利精神病学家弗兰克尔说："在现代，实际存在的挫败感是如此普遍——许多人都怀疑自己生活的意义并看不到存在的价值。"

这种所有的努力都没有目标或目的的经历被弗兰克

> "人类只有一项义务，那就是做好自己，意识到自己的存在就足够了。"

尔描述为存在主义的挫败感，生活的随心所欲和空虚，内心的空虚和无意义感。

美国心理学家大卫·西伯里说："人类只有一项义务，那就是做好自己，意识到自己的存在就足够了。"

正如前面所提到的，"意识到自己的存在就足够了"。而且假性成长的人所认为的义务并不是真正的义务，他们只是缺乏面对挑战的勇气。

"自我疏离感"是一种觉得自己不是真正的自己的感觉。当这个不是自己的人成为父母，在对待孩子时，他们会变得非常专制。这类父母所认为的爱就是固守，他们把固守旧习认为是爱。

一旦面对让自己避免真实自我的危险，就会导致丧失存在感、实际欲求不满、充满挫败感、终日不安等不安症状出现。因为自己非常不幸福，所以，他们也没有祝福他人得到幸福的愿望。

　　我们唯一的责任就是"做好自己"，因为这样的人才能真正地希望他人也得到幸福。

　　我前面已经讲过了，意识到我们潜意识中的敌意，意识到自己潜意识中的仇恨，是真正幸福的起点。

赶入潜意识中
也无法消除的
欲求

　　认为撒娇是不好的事，越是从意识上排斥它，撒娇就越是会在潜意识里控制这个人。排除是为了使它远离自己的意识，但是，并不意味着它会从那个人的身上彻底消失。

　　在虚假成长者的心目中，幼时的欲望是被分离出来的，并在不知不觉中被其驱使。但是，如果将其赶入潜意识中，那将没有比这更使人痛苦的事了。

　　即使将它赶入潜意识中，幼时的愿望并不会消失，仍然会继续存在。那个被赶入潜意识之中的东西，反而会在不知不觉中主宰这个人。于是，这个人的人格就无法整合，产生了意识和潜意识之间的分歧。

　　我们正是通过这种人格整合来判断一个人是否心理健康，也就是意识和潜意识到底是统一还是互相背离的。

互相背离的人的潜意识中隐藏着一个与日常人格分离的重要的欲求，除非将其意识化并融合到人格之中，否则那个人的人格将始终非常不稳定。

　　当一个人的人格变得极度不稳定时，人就会被不安驱使并容易因为一点小事就发怒、沮丧，而且总是哀叹，永远也不会采取积极的行动。

　　脱离人格的欲望潜藏于心底。为了摆脱不安，我们必须考虑一下如何对待它。最重要的就是将潜藏于心底的东西逐渐意识化，并将其融入自己的人格之中。

　　想象这样一个团队，它里面有一个理念与其他成员完全不同的强有力的反对者，这种状态的团队是非常不稳定的。人格也是一样的，当一个人的内部存在着完全不同的东西时，就会变得非常不稳定。

　　有的人会很夸张地大笑，做出非常夸张的举止；有的人明明非常胆小却故作勇敢，向人炫耀自己的善良，给人一种非常不自然的感觉。好孩子可能变成了家暴实施者或者罪犯。

　　争论为什么会出现假性成长是没有意义的，正如我们多次重复过的那样，有些孩子出生在不需要假性成长的家庭之中，有的人在这样的家庭长大，父母很会为孩子着想，经常考虑"这孩子适合做什么""这孩子擅长什么"，等等。

正如西伯里所说，"接受不幸"。这样，我们就能看清自己应该做什么。

有些孩子则是在从未替他们考虑过的家庭中长大。很多父母把孩子当作完成自己的接替者来养育，因为自己没有达到他们想要的社会性成功，因此，把孩子的成功当成自己的成功。这样的父母根本不会考虑孩子的适应性。

重要的是彻底接受自己的命运，并考虑一下自己该如何生活。正如西伯里所说，"接受不幸"。这样，我们就能看清自己应该做什么。

"我就是在这样的环境中长大的。"

"那家伙（与自己完全不同的那个人）的父母充分替他考虑了他的适应性，并且拼命地鼓励他去过符合自己适应性的生活。"

"我从小时候起就被彻头彻尾地灌输了某种价值观

并一直这样生活着。这可能是不幸的，但是，我也无可奈何。"

"那么，就接受自己的不幸吧。"

如果你接受它，你就能看清自己应该做些什么。

不安的根源是基本冲突

　　关于不安的原因，卡伦·霍妮将其描述为"基本冲突"[①]。正如我前面所说的，人类既有成长的欲求，也有退行的欲求，既有独立又有依赖，正是这些互相矛盾的东西在我们心里产生了冲突。

　　换句话说，人类既有正能量的部分，也有负能量的部分，它们是相互冲突的。如果只有正能量的部分，或者只有负能量的部分，人类应该都不会觉得那么痛苦。

　　再重复一遍，我们是有基本冲突的。我们都有着相反的欲求，比如成长欲求和退行欲求、独立的欲望和依赖

[①] 基本冲突是霍妮人格理论术语，神经症患者的一种心理冲突。由相互矛盾的个体降低基本不安的三种适应策略，即接近众人、反对众人、远离众人之间的无法调和及互不相容所致。会导致人格不适应或人格障碍。

的欲望。

如果这个问题可以轻松解决的话，那么，就很少存在不安的人了。正如前文所述，意识与潜意识之间没有互相背离，人格应该是一体的。

然而，这个没有被整合起来的正是"基本冲突"。埃里希·弗洛姆甚至称之为"无法解决的冲突"。他说那些存在着"无法解决的冲突"的人，他们本人也意识不到自己心底里隐藏的敌意。

除非这个问题得到解决，否则，我们将无法与他人产生心的连接，在心灵层次上产生共鸣。

没有安全感的人
几乎举世皆敌

　　有这样一位太太，她说："我很容易发怒，所以，完全没办法和我丈夫说话。"我解释说之所以容易发怒是因为她很不安。

　　这也是因为存在着"基本冲突"。如果它不能被妥善解决，我们将无法安稳地生活。父母对自己的孩子有着与他们本来特质完全不同的期待，而孩子试图回应父母的期待，于是，内心就产生了冲突和不安。

　　西伯里认为，"人类只有一项义务，那就是做好自己……"然而，有时，我们会认为父母希望我们与现在的自己不同。此外，我们还必须让自己适应父母的情绪，这就让我们处于一个对周围的环境充满不满的状态之中。

最近，经常有人提及育儿支持一词，但是，其他动物即使没有育儿支持，也能好好地抚养孩子。然而，由于每个人都有着不同的性格和适应能力，所以，对人类来说，这可能是一项相当艰巨的任务。

前面也曾经讲过，有些人是在想要扩展孩子适应性的父母身边长大的，有些人则是在与此完全相反的父母身边长大的。

此外，如果我们试图让自己适应父母的感受，如上所述，我们对周围的环境就会充满不满，对社会也会充满不满。

有些人有一种基本的安全感，他们的父母能够接纳他们本来的样子，而另一些人则没有。那些有基本安全感的人可以从心底里感到高兴，因为他们可以成为真实的自己。即使我们没有成为一个被称为"最优秀、最聪明"的出色青年，有了这种安全感，我们也可以面对生活的挑战，为自己而欢欣鼓舞。

但是，那些没有基本安全感的人，或者不被父母接纳的人，会变得喜欢察言观色。他们不能坦率地为成为真实的自己而高兴，因此，陷入了矛盾之中，所以，开始看

这是基本的不安，生活在一个
不允许自己做自己的世界里。

别人的脸色。他们无法培养自己克服困难的能力，并试图
通过服从和依赖他人来克服困难。

总是担心某个问题的人，与其说他担心的是问题本
身，不如说他所担心的是更基本的部分，是对自己赖以生
存的这个世界感到不安。

"为什么会因为这么点小事就生气？""为什么会因
为一件微不足道的事情而感到沮丧？"这些话我在前面也
提到过，其根本原因并不是担心这些事本身，而是对自己
所赖以生存的世界感到不安。

事实上，每个人多少有一定的工作能力。

尽管如此，有些人还是不能工作，因为他们不能在社
会上工作，也不能在与他人的关系中工作。不知如何与他

人构建人际关系，只是一直在努力提高自己的工作能力，那么，他们就失去了在社会上生存的意义。

这是基本的不安，生活在一个不允许自己做自己的世界里。

被谅解长大的人 vs 不被谅解长大的人

"有神经症的人会强迫他人服从自己。"这是我经常提及的卡伦·霍妮的话。

这里"有神经症的人",就是有神经症的父母的意思。另外,这里所说的"他人"意思就是"孩子"。

不过,从普遍的理论上来讲,"神经症患者对他人",这里不仅适用于亲子关系,也适用于恋爱关系和婚姻关系。

在婚姻关系中,有神经症的丈夫会强迫妻子服从自己,毁掉一个妻子意味着不承认她的个性。

听话的孩子会感到自己生活的世界充满威胁,因此,他们会处于一种害怕不安的状态之中。

当我们觉得这个世界是一种威胁时,为了保护自己,就会对他人的欲求变得敏感,并努力不辜负他们的期望。

学问是非常必要的。学历不能救人，但学习能救人。因为那样可以让我们知道，人们为什么对事物的感知方式是如此不同。如果了解了不安，则我们的人生可能变得不一样。

这正是错误的开始。

我们试图保护自己免受危险世界的伤害，是因为我们真正的自我没有被认可。因为觉得真实的自我很糟糕，是不可原谅的，因此，很自然地觉得周围的世界充满了威胁。

可以说，现代人是如此在意别人的眼光。

在讨论不安时，我介绍了不安的各种症状，例如"如果我这样做失败的话该怎么办""如果我这样说的话，周围的人会怎么想"，等等，其原因恰恰就在这里。

换句话说，之所以会感到周围的世界充满了威胁，是因为真正的自己并没有得到宽恕。那些被允许按照本来的样子成长的人和那些不被谅解而长大的人，这两者之间很难互相理解。

那些被允许按照本来的样子成长的人，他们为能够做自己而感到高兴；而那些本来的自我不被谅解，被迫服从他人并失去本心的人则会觉得世界是一种威胁。这两种人很难互相理解也就是再自然不过的事了。

正因为如此，学问是非常必要的。学历不能救人，但学习能救人。因为那样可以让我们知道，人们为什么对事物的感知方式是如此不同。如果了解了不安，则我们的人生可能变得不一样。

出路在哪里

　　克尔恺郭尔指出，"人之所以会不安，是因为可以自由地陷入胡思乱想之中，从而一发不可收""能够正确认识不安情绪的人，已经学会了强大本领"。然而，我们越是变得不安，越是执着于这种不安，也正是因为我们没有正确地认识它。越是不安，就越固守现状。

　　更有甚者，开始迷信算命之类的东西。

　　人类生来就是充满矛盾的。

　　对此，西伯里说，为什么要如此烦恼不安？那是因为他已经放弃了自我。

　　当一只鸟试图以鼹鼠的方式生活时，它就会陷入不安之中。同样，当人类感到不安时，也是因为他们正在做着一些不自然的事情。

　　正如我之前提到的，当我们做一些对自己来说不自然的事情时，那个身处其中切身感受的自我就被放弃了。

　　此时，如果我们能够认真地思考一下为什么会放弃自己，那么，就会变成最好的学习。

社
会
性
的
成
长

无
法
消
除
不
安

　　总结一下至此所讲的内容，首先，我认为不安感向我们传递了这样一种信息，表明我们的生活方式出现了某种问题。

　　随后，解释了假性成长的问题。

　　假性成长是成长阶段遇到的挫折。乍一看，似乎对社会适应得很好，但心底实际存在的部分里有着没有被完全满足的欲求。

　　与其将自己与周围的人进行比较，不如深入挖掘自己的能力、兴趣、目标等，并从这些方面来关注自己。

　　当我们在心底里感觉到自己的人生"不属于任何人"时，就会感到不安。我们需要经常确认我们的生活是属于自己的。

　　我们总是把自己的社会性成长视为自我成长，但社与其将自己与周围的人进行比较，不如深入挖掘自己的能力、兴趣、目标等，并从这些方面来关注自己。当我们在心底里感觉到自己的人生"不属于任何人"时，就会感到不安。我们需要经常确认我们的生活是属于自己的。

会性成长并不等于我们成为真正的自己。我们必须始终确保我们的生活是属于自己的，而不是通过观察别人的脸色来决定。

埃里希·弗洛姆说："一个先天内向的人可以是一个非常害羞、孤僻、意志薄弱的人，也可以是一个直觉非常强的人，他们可能成为一位优秀的诗人、心理学家或者是医生，但是，这样的人几乎不可能通过盲目的刻苦训练成为'某方面的专家'。"

被欲求不满的支配型的父母养大的孩子，即使是"先天内向的孩子"，也可能被迫通过盲目的刻苦训练成为"某方面的专家"。然后，这样的人就会患上各种意想不到的精神疾病，比如神经衰弱、抑郁、失眠和自主神经失衡，等等。这样的人总是感到非常不安，总是摆出一副忧郁的面孔。

无法自我实现的愤怒在心底燃烧，莫名其妙的怒火像陈年积雪一样积压在心底。本人都无法理解的愤怒、敌意与日俱增，这种潜意识里的负能量使人不安。

马斯洛说："当一个人犯了违背自己本性的罪行时，都会毫不例外地在不知不觉中记入潜意识里并引起自卑。"

正如马斯洛所说，这种自卑的感觉会在不知不觉中被记住。我们并没有意识到自己在看不起自己，但是这对本人所产生的心理影响范围却是非常广的。

不安的源头
是不了解真
正的自我

一方面，当我们按照自己的方式生活时，即使在旁观者看来很辛苦，实际上，我们却不会被神经症性不安或神经质的恐惧等困扰。另一方面，以没有真正活出自我的方式生活，就像飘浮在空中一样，并没有脚踏实地。

如果我们没有感觉到现实中自我的存在，而是陷入一种自我迷失的状态，将无法感受到自己的极限。没有正确的生活目标，所以容易被虚荣淹没，凡事都难以顺利进展。

因为不知道真正的自我是什么，所以，没有以正确的目的面对生活。

当我们无法真正感受到自己而陷入不安的时候，就会选择回避困难。如果我们变得更加不安，则会陷入一个无法感受真实自我的恶性循环。

当我们按照自己的方式生活时，即使在旁观者看来很辛苦，实际上，我们却不会被神经症性不安或神经质的恐惧等困扰。

那些为自己而活的人能够直面困难，能够认识到"自己是有极限的"，并接受它。结果，他们培养出了克服困难的能力。而且，并不会觉得自己有极限是什么丢人的事，因为他们对自己感到骄傲。

"我不是这样的人。"这是西伯里所说的话。西伯里说，期望天鹅用好声音唱歌，这个期待本身就是错误的。因为天鹅的外表非常美丽，所以，当我们看到一只天鹅时，会希望它用美妙的声音来唱歌。但如果你期待的是美妙的歌声，那么，你所期待的对象应该是夜莺，而不是天鹅。期待能从天鹅那里听到美妙的歌声，这本身就是错误的。

会感到不安的，是那些努力工作以实现他们错误期望的人。朝着不正确目标努力的人会感到不安。虽然他们很努力，但是并没有掌握克服困难的能力。

努力关注自己的潜力，而不是别人的期望，并且不要逃避困难，把困难当作自我成长的机会。这样的人，在遇到困难时不会对自己失望，并且能够培养出积极地面对困难的能力。

第五章

不安与愤怒的密切关系

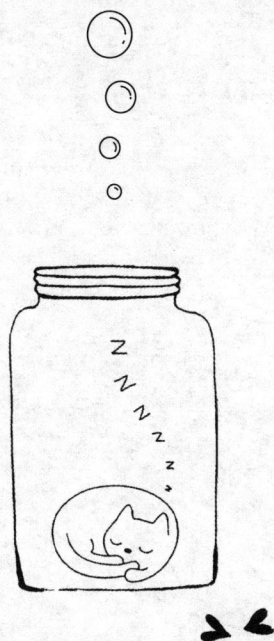

○ ○ ○ ○

向
内
求

在 善 变 的 世 界 里 ， 安 顿 自 己

　　到目前为止，我们已经谈到了不安心理其实是非常广泛且严重的。为什么说它严重呢？因为不安会让其他情绪失效。阿德勒称之为攻击性不安。但不安有时并没有流于表面，而是巧妙地隐藏起来了。

　　只要看每天播报的新闻，家庭暴力、职场骚扰、虐待幼儿……各种问题层出不穷。而我想要讨论的，也是在这种问题的背景下出现的强烈而广泛的不安心理。而且，依据这种不安心理，更深层次地去探讨它产生的原因。

　　如上所述，产生不安的其中一个原因就是隐藏的愤怒，其起因就是将本人感到的愤怒逐步从有意识地发怒变成无意识地愤懑。

　　在意识领域中驱赶愤怒，只不过是让人意识不到那种情绪而已，但情绪本身并没有消失。虽然本人没有意识到，但他的言行甚至情感都会被无意识的愤怒支配。

因为这种不安属于隐藏的愤怒，所以，感到不安的人，个性上往往会存在矛盾点。而在思考产生不安的原因时，首先要明白，这种不安和愤怒之间有着非常密切的关系。

其实，不安的人不会因为活出自我而感到开心，而是一直在扮演着不是自己的自己去生活。

就像鼹鼠想像鹰一样在空中飞翔，猴子想像鱼一样在水里游泳。动物不会做那么愚蠢的事情，但是人类却会想方设法将自己扮演成不是自己的人。

在意别人的目光，扮演着展示给别人看的自己、丧失本我的自己。这也是产生不安的原因之一。

我们为何失去
了对抗的能力

克尔恺郭尔曾说："能够正确认识不安情绪的人，已经学会了强大的本领。"能够正确地控制不安这种强烈的情绪，其实就学会了作为人类最聪明的生活方式。

学习正确地对待不安具有非常重要的意义，因此，接下来，我们来继续聊聊不安产生的原因。

说起来，人为什么会变成丧失本我的自己呢？乌龟走得慢就慢好了，没有必要和兔子比速度。只有人类会在乎别人的眼光，想要被喜欢，想要被表扬，想要得到疼爱，想要被大家接受，才去扮演不是自己的自己。然后，又因为无法忍受一直扮演着不是自己的自己，所以产生了不安的心理状态。

从这种意义上说，不安应当表现的是自我意识与无意识相背离的状态，但身体上却可能表现出各种各样的症状。

人为什么会变成丧失本我的自己呢？乌龟走得慢就慢好了，没有必要和兔子比速度。只有人类会在乎别人的眼光，想要被喜欢，想要被表扬，想要得到疼爱，想要被大家接受，才去扮演不是自己的自己。然后，又因为无法忍受一直扮演着不是自己的自己，所以产生了不安的心理状态。

所谓"身体化症状"，其实就是当扮演不是自己的自己时，身体出现的类似于偏头痛或过敏性肠道综合征等病症。

为了向别人展示而去扮演不是自己的自己，因此，自己的意识和无意识相互背离，甚至会对自己的身体产生不良影响。比如，明明不那么开心，却为了讨别人欢喜而说"很开心"；父母和孩子一起去家庭旅行，孩子明明并不高兴，反而还很难受，但为了让父母高兴，对自己的心情撒谎，说自己"很开心"。有时，人们会拼命地对自己说谎。

这同时也意味着人们在强迫自己演绎一个非现实的、理想中的自己。人们为了获取安心会去强迫自己，之所以说是强迫，就是因为想让别人看到的是比真实的自己更为优秀的自己，所以扮演的必须是"非现实的、理想中的自己"。为此，人们会拿自己和别人做比较，做各种各样的努力，但这些努力没有任何意义。

如果通过这些努力能够开发出自身潜在的能力，那它就是有意义的。但是，这种努力并不是为了让人们积极地面对人生的问题和挑战，因此，它不仅让人们的能力无法发挥用处，反而还会剥夺人们面对考验的能力。

你已活成了丧失本我的生活悲剧

本来，人类的个性要经过一定的阶段才会走向成熟。对此，在20世纪时，英国的精神病学家鲍尔比就曾说过，"个性要经过一定的阶段才会走向成熟"。这是在19世纪就确立下的论点。

但是，正如我们之前多次提到的那样，有些人可能出生在那样的环境中，但也有些人则不是。

有的人身边一直陪伴着不断鼓励自己、培养自己独立的父母，在充满爱的环境中长大成人，但有的人却要忍受着虐待长大，还有的人要在完全违背他自身个性的各种要求下长大。

据美国的精神科医生萨利文的观点："不安，是幼儿担心自己在人际关系世界中不被重要的人认可的'忧虑'时产生的情绪。在有意识地认知之前，如果幼儿感受到与

130

如果个性处于一个逐渐成熟的环境中，就会经过一定的阶段走向成熟。但是，问题就发生在那些未能出生于这种环境下的情况。

母亲无法共情、不被认同时，就会产生强烈的不安。"自我的形成，源于区分被认可与不被认可行为的需要。"也就是说，萨利文认为，人们早在自己意识到不安之前就已经开始不安了。

虽然我认为现在不会发生这样的情况了，但是，在以前如果谁生了女孩，那么周围的人甚至这家的父母都会说"要是这孩子是个男孩的话"这种话。

明明自己生下来就是女孩，却被人们说"要是这孩子是个男孩的话"。

其实真的发生过这样的事，有个女孩认为如果自己表现得像个男孩的话，父母就会很高兴，所以，她不玩布偶，也不玩女孩玩的游戏，而是去爬树或者玩男孩会玩的游戏。而且，她上大学时为了保有自己"男子汉"的形象，硬着头皮选择了土木工程系学科，甚至就这样升学进了研究生院。

总之，这位女性就是试图以男人的身份生活下去。结果，最后她在读研究生的时候患上了严重的神经衰弱。

如果个性处于一个逐渐成熟的环境中，就会经过一定的阶段走向成熟。但是，问题就发生在那些未能出生于这种环境下的情况。

越努力越可能
是举世皆敌

不安的人，其个性并没有经过一定的阶段逐步成熟，而是在某个阶段发生了故障，就在那里停止了发育。

独立于父母去生活是一个普遍的问题。弗洛伊德曾说："俄狄浦斯情结是一个人类普遍存在的问题。"个性经过一定阶段后仍未达到成熟的状态，其实就是在没能完全解决第一阶段的俄狄浦斯情结，或是青年时期确立认同感等问题的情况下，一边过着丧失本我的生活，一边迈向社会性成熟。

人们虽然在社会上、肉体上逐渐长大成人，但心理上却停留在某个阶段，停止成长。因此，有些人虽然是成年人，但心理年龄却只有三五岁，或者更小，甚至有的人心理就像婴儿一样。

这种人都抱有很深的不安。

他们的生活方式一直没有经过一定的成长阶段，害怕自己面对的是一个充满了潜在敌意的世界，并一直生活在这样的不安当中。

虽然有"被害妄想症"这个概念，但我认为，比起"被害妄想症"，"被责怪妄想症"对日常生活的影响更大。不是"害"而是"责怪"，也就是妄想自己会被责怪。

因为真正的自己不被认同，所以，当别人对自己说"这个没做到吗""你没帮我做吗"这样的话时，他们会认为自己被责怪了。

有被责怪妄想症的人，明明自己没有被责怪，却还是会认为自己被责怪了，因此，他们越是努力越会把全世界都当成敌人，也越来越难以生存。

当别人对自己说"如果这样做就好了"时，他们就会认为他说的是"就是因为你这么做，所以才不对的"，不管对方说什么，都感觉是在责怪自己。

那样的话，肯定无法做到真正的、正常的发展。

『在外是羔羊，在家是恶狼』

　　虽然我们都在一个共同体中成长，但是，不安的人作为其中的个体，本身是经受过挫折的，他们没有得到正常的发展，一直感觉自己处于敌意当中。

　　为了在这样的敌意中保障自身的安全，除了表现"我很厉害""我非常强"等炫耀自身力量的方法以外，别无他法。

　　因为除了展现自己优于常人之外，没有其他办法维持自己的安全，所以，他们会在内心描绘出一幅宏大的自画像，紧紧抓住它作为自己的靠山。

　　当然，在心理上，这样的人是完全没有成长的。而随着他们在社会上、身体上的成长，逐渐到了四五十岁，在公司里会成为与年龄相符的大前辈。

　　但当他们一回到家，人就变了。用妻子的话说就是

"和在公司的时候简直判若两人"。这正是瑞士法学家、作家希尔蒂所说的"在外是羔羊，在家是恶狼"。

追求优越的努力和培养伙伴意识，本质上就是相悖的。越是追求优越感，在心灵的最深处越会变得孤独不安。因此，我们此前提到的产生不安的原因，第一个是隐藏的敌意，第二个是成为丧失本我的人，这两个并不是毫无关联的，它们的本质是相互联系的。

与其这般，
不如成魔

　　不安的人心理上没有成长，所以，他们会对父母或者周围的人产生非常强烈的依赖心理，这属于他们非常明显的特征之一。而且，他们经常会对周围环境产生过分的敌对情绪。

　　具体来说，因为他们的依赖心很强，所以，会对对方提出各种各样的要求，比如"给我这样做""要这样对我""要这样表扬我"，等等。

　　然而，在成年人的世界里，这些幼稚的愿望是无法实现的，于是，他们就会因此而产生敌意。这种人很难变得直爽、坦率。

　　西伯里曾说："如果我无法做自己，那我宁愿成为恶魔。"

　　没有人会不知道恶魔吧，但是，不安的人并不知道恶魔就是他们自己，而他们就这样无意识地变成了恶魔。

以家庭暴力为例，对妻子施暴的丈夫完全不觉得自己是恶魔。不仅如此，他们甚至觉得自己已经为对方耗尽心力，"为什么你要这么做"。他们并不认为自己是恶魔，却做出了恶魔一样的举动。

有些人会认为西伯里所说的"如果我无法做自己，那我宁愿成为恶魔"可能会有些言过其实，但事实并非如此。由于他们丧失自我的生活方式而产生的这种不安心理，不仅真的有可能支配他们的一生，还可能会让他们周围的人坠入地狱。

在某时某地，如果能注意到这一点，意识到"原来自己完全未被允许以自我的状态生活着，而自己一直是这样丧失着自我活到现在的"，再进行人格重建的话，那就另当别论了。

如果做不到这一点的话，那么，这个人的人生就会以各种形式陷入僵局。他们可能会产生反社会行动，还可能引起家庭暴力，或在公司进行职权骚扰，以各种各样的形式引发纠纷。

重建那个待在过去的自己

童年时期，没能被周围人接受就长大的人，首先，必须要注意，长大后，自己生活的环境与童年时期已经不同了，然后，开始重建自己的人格。

如果明明生活在一个和童年时期完全不同的环境当中，却依旧保持着和曾经同样的情绪，那是因为自己的心仍然活在过去。不会把现在发生的事情看作是现在刚有的事，而是像经常翻看过去的视频一样，始终觉得是在重新体验曾经发生过的事情。

所以，长大成人后，实际上，虽然自己已经被周围的人接受和认同了，但在内心深处依旧认为自己没有被认可。如果他们不能注意到这一点的话，就会被这样的矛盾支配一生。

正如在前文中提到的，成人后的不安是因为感知到童年时期，没能被周围人接受就长大的人，首先，必须要注意，长大后，自己生活的环境与童年时期已经不同了，然后，再开始重建自己的人格。

"我的生活方式好像哪里不对劲"这一信号。

如果不安这种心理现象或状态适用于自己，或是适用于周围的人，那就证明这个人幼时和成人后生活的世界一直都在改变，而他自己却没能改变。

没有基本安全感的人，会因为害怕被拒绝而变得孤独，因此，他们认为比起自身的欲望，会察言观色更加重要。为了不孤单，为了让对方接受自己，明明如兔子一般纯善娇弱，却要装作一副老虎的凶悍模样生活下去。

如果一直没有意识到，其实自己只有身体处于和童年时期不同的环境中，而心却仍然待在过去，那么不做出任何改变的话，自己未来的生涯、感受事物的方式也无法发生任何变化。

敌意与不安的关系顽固

　　萨利文曾说："母亲不仅是满足幼儿身体需求的根本，也是其情感安全的来源。"比如说洗澡时，母亲在和孩子交流的同时，通过肌肤与肌肤之间的接触，不光能满足孩子对于身体接触的需要，也能安抚孩子的内心需求。

　　如果没有这种交流的话，孩子对于身体的需求和情感的需求都得不到满足，就会感到不安，也会在个性中产生矛盾。

　　作为儿童研究学家，做出过巨大贡献的鲍尔比也曾提过："事实证明，如果对所爱的人存在身体敌对行为的话，他们的不安程度会明显增加。"

　　敌意和不安之间的密切关系，受到从幼年开始的各种各样的人际关系的影响，并且，与它们紧密联系、难以分割。

因此，一旦发现对方出现了不安症状，就可以认为对方在成长的过程中，尤其是在幼年时期遭遇过各种各样的问题。

前面一直在说孩子的问题，其实，在恋爱关系中，也是一样的。比如，不安的女性如果谈恋爱的话，会对另一半产生怀疑，认为恋人可能会喜欢其他女性。

在一个拥有成熟个性的人看来，可能会觉得这种想法真是太难以理解了。但是，因为不安的人从小就不相信任何人，因此，会产生这样的情绪也不奇怪。

在无人可以信赖的情况下成长起来的人，当他们在社会及肉体意义上成人后，即便有人告诉他们"好的，没关系，你要相信这个人"，他们也不会把这句话当真。他们总是会不冷静地怀疑"这个人可能会抛弃我"。

不仅是恋爱，他们对工作也是如此。为什么要拼命工作干到快要过劳死呢？就是因为不安，"如果不多做些工作的话，自己可能会被解雇"。因为从小就受到这样的对待，所以自己的内心深处就会一直存在这样的感觉。

那些通过战胜他人获得安心的人

　　如今的社会是消费社会同时也是竞争社会。有些人童年时期没能生活在充满爱意的环境下，成人后，强烈地试图通过战胜他人来获得安心感，那么，他们同样也很难找到一个对自己没有敌意的地方生存。

　　是否有敌意以外的不安呢？

　　当然，也有些主张认为，除了隐藏的敌意之外，还有其他引发不安的原因。

　　首先，人类从幼儿时期就有"被抛弃的不安"。

　　交流分析大师威廉·詹姆斯曾提出，孩子最先感受到的不安就是"被扔下""被遗弃"和"被抛弃"。

　　还有，鲍尔比曾提出"分离不安"。就是说，不安的原因是与童年时期依恋的人物关系不和睦，比如与母亲之间的关系不融洽等。

对人类来说，"被保护和安全"的愿望是最为重要的，他们希望自己可以获得积极的关怀。可是，也有很多人得不到父母积极的关心，就这样带着孩童时代的不安继续长大成人……要想幸福，就不能永远带着童年的不安。只要再度出现童年时期的那种不信任感，那么，和谁都无法建立起信赖关系。

关于和母亲的关系再延伸一点的话，其实就是弗洛姆所主张的"首要纽带"。人类在母体中的时候是完全被保护起来的，就像是置身于某个乐园中一样，一旦离开作为乐园的母体，人就会变为一个个体，就会变得孤独，就会与母体完全分离。

对人类来说，"被保护和安全"的愿望是最为重要的，他们希望自己可以获得积极的关怀。可是，也有很多人得不到父母积极的关心，就这样带着孩童时代的不安继续长大成人。

　　但正如前文所说的，要想幸福，就不能永远带着童年的不安。只要再度出现童年时期的那种不信任感，那么，和谁都无法建立起信赖关系。你已经是成年人了，需要找到一个值得信赖的人。这就是弗洛姆所说的"次要纽带"。如果没办法建立次要纽带的话，人还是会陷入不安。

第六章

消除不安的消极的解决办法

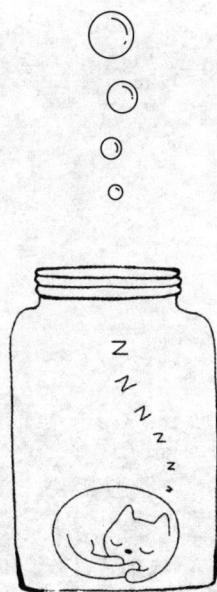

向内求

在善变的世界里，安顿自己

消除不安有消极的解决办法和积极的解决办法。

能积极地解决当然最好，但很多时候，大多数人都做不到。

很多人选择了消极的解决办法，而不是积极的解决办法。他们不敢直面不安、消除不安，而是选择逃避不安，将它暂时地从自己的意识当中抹去。虽然这样能够短暂地逃避不安，但只顾眼前的应对方式或一味逃避都是不正确的。

卡伦·霍妮认为，消除不安的消极的解决办法共有四种：

1.合理化

2.否定

3.逃离可能导致不安的场所

4. 依赖

这四种方法的共同点是：不知道自己"想要做什么"。

选择消极的解决办法的人最初也努力地尝试过消除不安。但是，他们搞错了努力的方向，变得不知道自己真正想要做的是什么，最终，选择了逃避不安。

神经症性不安的原因是患者潜意识里的敌意。由于根源在自己的心理层面，因此，有必要从这方面着手解决。

但是，很多人不是从自己，而是从外界寻找原因。比如，想要通过和别人相比获得的优越感消除不安。

不安其实是人生里的红灯，它试图告诉人们"需要改变你的生活态度了""现在，你的人格有了缺陷"。消除不安的消极的解决办法就是无视这些信号。

你真的是在教育孩子吗

"合理化"，举例来说，家长陷入情绪冲动时殴打孩子，甚至虐待孩子，却狡辩说"我正在教育孩子"。就这样，隐藏在心底的憎恶戴上爱、正义的假面具堂而皇之地登场了。

这时候，恰恰是审视自己和孩子的关系为什么会变成这样并且健全自己人格的机会。借口"我正在教育孩子"，将自己的行为合理化，只能让人离问题的核心越来越远。

神经症性不安的患者完全不了解自己真正的情感。

遇到事情时，过去的经历会影响一个人产生的情绪，而如何应对已发生的事实，此后产生的情绪则属于当事人的人格问题。

不仅亲子关系是这样的，还有学生，有时，他们不敢说出"我讨厌升学考试"的想法。

如果敢于坦率地讲出来，说明已经接收到自己人格产生了缺陷的报警信号，还能做出建设性的处理。但是，将"我讨厌升学考试"的想法隐藏起来，就会转而攻击朋友，用"你活着是为了什么？你连为什么活着都不知道，拼命学习有什么用？"或是"升学考试什么的，无聊死了"，将自己的心理合理化。

不敢说出本心，就无法建立正确的认识；不敢承认"我讨厌升学考试"，就不敢承认自己的失败。

失败是成功之母吗

此外，做某事失败的时候，安慰自己"失败是好事"也是一样的道理。

大家都说"失败是好事"，其实，失败能变成好事，仅限于那些知道什么是好事，有能力找到正确道路的人。

只有发现这些内部因素，才能够塑造拥有崭新洞察力的灵魂。

拒绝不安的消极解决办法，才能找到不安的积极解决办法。

说着"失败是好事"，却不知道什么是好事，这种说辞不过是逃避。失败的时候难免会不满、失望、失去斗志，深入探究这些心理，在此基础上，找到让自己更进一步的道路，失败才能变成好事。

人必须正面面对"总是讨厌失败""忍不住因为可能

失败而不安"之类的心理，借此审视自己的生活态度是否存在根本性错误，这样才能找到真正的出口。

然而，将失败合理化的人总是靠着"失败是好事"的借口来逃避。我也曾在自己的书里说过"要为失败而高兴"，但意思绝不是让大家对失败视而不见。

只有不再逃避失败，失败才能变成有益的经验。

比如，想要找份新工作，明明是自己胆小，不敢付诸行动，却说是因为"换工作会影响家庭收入，增加妻子的负担"。明明是因为自己胆小、不安而不敢离婚，却找个冠冕堂皇的理由，说是"为了孩子才不离婚"。或者是自己不懂得该怎么教育孩子，却说"我们家想让孩子自由成长"。

如果不懂得该怎么教育孩子，就应该勇敢地承认这个事实。认识到自己还没有做好成为父母的心理准备，将它作为一个问题解决就可以了。

但明明不懂得教育孩子，却借口"让孩子自由成长"，将这个缺陷合理化，其实是对自我意识的隔离。

"让孩子自由成长"是谎言，父母不会管控才是现实。

"让孩子自由成长""孩子的自由最重要"都是对父母无能的合理化。即使有一天孩子拒绝上学，他们可能也人必须正面面对"总是讨厌失败""忍不住因为可能失败而不安"之类的心理，借此审视自己的生活态度是否存在根本性错误，这样才能找到真正的出口。

会这么说。换言之，他们不会承认这是自己和孩子之间沟通不畅造成的，而是从孩子的朋友和学校身上找原因，将孩子不愿意上学的原因转移到外部。

　　总而言之，合理化就是自我隔离，是为了避免接触烦恼的核心。人越是不安，越是会执着于维持现状，所以找到各种理由将自己的言行合理化。

　　把与孩子接触过程中的情感饥饿合理化为育儿烦恼，或是把恋母情结合理化为孝敬母亲，把依存性关系合理化为爱情关系，都不过是在寻求代偿性满足感。

采用替代缘由转移视线的人

关于合理化，还曾有过以下案例。

在美国，罐装咖啡、速溶咖啡曾很久都无人问津，却在某天忽然风靡全国。速溶咖啡比普通咖啡的冲泡方法更加简便，因此，最初以"简单、便利"为卖点，却完全打不开销路。后来，他们将宣传的重点转向"用节省下来的时间多陪陪家人"，于是速溶咖啡的销量开始猛增。

这就是合理化。大家真正讨厌的是冲咖啡太浪费时间，但都不想明言"太麻烦了，所以讨厌自己冲咖啡"。这时候咖啡生产厂家将理由合理化为"把时间留给家人"，消费者们就放心了。

合理化是不安的客体化。人们从外部寻找不安的理由，不面对自己真正的内心，这将无法从根本上解决问题。一直持续合理化的行为，使得自己的内心会越来越人们从外部寻找造成不安的理由，不面对自己真正的内心，这将无法从根本上解决问题。一直持续合理化的行为，使得自己的内心会越来越软弱。

软弱。

而内心越是软弱，就会越多地通过合理化来逃避现实。

像这样不断通过合理化来逃避内心的问题，会让人越来越不安，觉得现实越来越难以忍受。

进行一次合理化，潜意识领域里就会发生一次意志的崩溃。将自己行为合理化的人，在潜意识领域里都会付出巨大的代价。

合理化的确能让人获得短暂的心理放松，消解显意识层面的问题。只是这么做虽然能熬过一时，但对本人来说绝不能算是件好事。

『合理化』不过是我们的借口

曾经有人向我咨询："女儿和女婿的关系不好，我很为他们担心。"其实她女儿的夫妻关系很和谐，这位咨询者只是想让女儿、女婿更关注她而已。

所以，当我建议"女儿的夫妻关系，您就不要管了"，她立刻火冒三丈地说："做父母的关心孩子也是错事吗？"这也是一种合理化，将自己伪装成关心孩子的优质父母。合理化都是不安的客体化。从外部寻找不安的理由，找不到的话就自己生造一个。

有些人会把自己的任性通过"我很痛苦"进行合理化，他们的借口是"我已经这么痛苦了，做这种事也情有可原"。

此外，还有一个现象非常重要——合理化和人内心的软弱成正比。内心越是软弱，将自己的行为合理化的现象就越多。一旦遇到事情，他们就倾向于寻找各种理由进行合理化。

　　"你当时要是不那么做，事情就不会变成现在这种样子！"他们为了维持"我很了不起"的优越感，总是会坚持自己的歪理。

那些『披着羊皮的狼』

罗洛·梅曾说过："人类依靠攻击来排解不安。"

生活中经常有憎恨戴着正义的假面具粉墨登场的情形。

有的人为了排解各种不安，选择了攻击他人。

如前文所述，不安和敌意是紧密联系在一起的。人们受不安驱使所做的事情，根源在于潜意识里的敌意，如果不断将它们合理化，人们的内心会变得越来越软弱。

总而言之，内心的软弱和合理化是成正比例的。合理化后，可能当时觉得一切尽在自己掌握中，其实，内心坚强的部分正在不断崩塌。

世界上有许多不可思议的事情，如果你从"这是不是合理化"的角度来审视，大部分都能找到答案。

合理化会削弱自己的内心，这一点非常重要。所谓

"披着羊皮的狼"指的就是合理化，合理化有时意味着人格发育的停止。

有些律师戴着正义的假面具，专门负责离婚诉讼，将那些难以争取社会舆论同情的对手逼入绝境。

比如，某女性委托人过着堕落的生活，想要从前夫那里敲诈些钱用。前夫离婚后努力地过上了好的生活，她看到他拼命地工作，生活境况和自己天差地别，就忍不住地想要加以破坏。她将嫉妒心用"离婚后双方的生活水平差异太大，很不公平"这种"正义"的理由进行了合理化。

你知道欺凌依赖症吗

　　成年人如果频繁地欺凌别人，说明他心里抱有强烈的敌意，这种欺凌带有强迫性。

　　这叫作欺凌依赖症。即使想着不可以欺负别人，却总是身不由己。如果不欺负别人，自己将会变得不正常。

　　欺凌依赖症的人潜意识里抱有大量的敌意，并被其支配着他们的行动。如果不能意识到这一点，他们到死都会在正义和爱的名义下持续地欺凌别人。

　　那些嘴上说着"为你好"，不停介入他人生活的人也是出于同样的心理。他们打着"我是为了你着想"的幌子，对别人指指点点，说三道四。这些都是罗洛·梅所说的"人类依靠攻击来排解不安"的佐证。

　　压抑自己的嫉妒心，也是欺凌家庭成员的开始。欺凌别人的人，意识不到自己行为的性质。家里人一起说某欺凌依赖症的人潜意识里抱有大量的敌意，并被其支配着他们的行动。如果不能意识到这一点，他们到死都会在正义和爱的名义下持续地欺凌别人。

个人的坏话，并将他边缘化。隐藏在这种行为背后的真正动机是嫉妒心。但是，彼此对此都没有丝毫察觉，只是认为被嫉妒的那人"真差劲"。

如果被嫉妒的家庭成员能力很强，而且其他家人正从他身上获益，那么大家会一边排挤他，一边不许他离开自己。最后，导致被嫉妒的人心理出现问题，比如抑郁症等。

西伯里曾说："不要被血缘绑架。"因为世界上有很多戴着亲人面具的嫉妒。

"酸葡萄"和"甜柠檬"

消除不安的第二种消极的解决办法是否定——否定现实。

这就是"吃不到葡萄说葡萄酸"。想必大家都知道《伊索寓言》里说"葡萄是酸的"的那只狐狸。

如果承认那葡萄很甜很美味，就必须面对自己摘不到葡萄这个事实。为了消解摘不到葡萄的不安，狐狸选择否定不安的存在，即否定现实。因此，尽管知道葡萄很好吃，它依然坚持"葡萄是酸的"。

除了"酸葡萄"，还有个词叫"甜柠檬"。和"酸葡萄"正相反，"甜柠檬"是把原本是酸的柠檬说成甜的。

假设某人的婚姻失败，婚后生活很不幸福。看到高中时候与自己平分秋色的朋友过着幸福的婚后生活时，他的心里一定很懊恼。这时，他会坚持"我很幸福"，绝对自己的人生存在某些问题，却要坚持认为"没有任何问题"——否定现实是为了避免自我价值被剥夺的防御态度。可以说，这种态度是为了保护自己，避免自我价值的崩塌。但这种态度将会剥夺享受人生喜悦的能力，因为否定现实需要耗费巨大的能力。

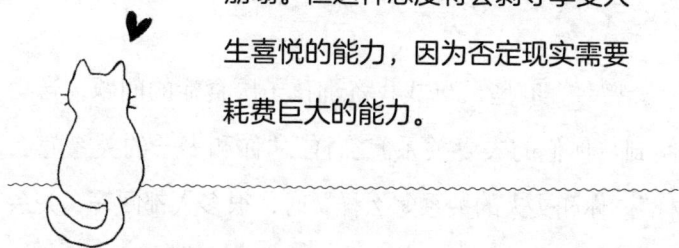

不会承认自己婚姻的失败。

再比如，不喜欢自己现在的工作，但顾及周围人的眼光，就反复说"我现在的工作很好"。这些都是将生活中的"酸柠檬"说成"甜柠檬"的典型案例。

自己的人生存在某些问题，却要坚持认为"没有任何问题"——否定现实是为了避免自我价值被剥夺的防御态度。可以说，这种态度是为了保护自己，避免自我价值的崩塌。但这种态度将会剥夺享受人生喜悦的能力，因为否定现实需要耗费巨大的能力。

因孩子厌食做咨询的父母

曾经，有些父母找我咨询孩子厌食症的问题，当我问到"你们的夫妻关系怎么样""你和妻子的关系怎么样""你和丈夫的关系怎么样"时，很多人都回答"关系很好"。

事实上，他们的夫妻关系并不好，即使恶劣的夫妻关系导致孩子拒绝上学，他们也还是会坚持说"夫妻关系很好"。因为，那些为了孩子不上学前来咨询的父母也是这么回答的。当我问到这个问题，他们总是回答"我和丈夫关系很好""我和妻子关系很好"，问到工作时，回答也是"工作很顺利"。我再问："那为什么孩子不愿意上学呢？"他们的回答总是"不清楚"。

总之，绝对不会承认夫妻关系不和，被问到孩子不愿上学的原因时就说不知道。这种坚持说谎的做法其实是一种消极的解决办法。

比起直面现实，批评他人更轻松，所以，人们不愿意直面自己内心的挣扎。但是，一味谴责周围环境，不承认现实会让自己不安。这样一来，就陷入了现实越来越难以忍受，人越来越不愿意面对的恶性循环中。

更有甚者，有的父母虐待孩子，打得他们伤痕累累，却还大言不惭地说自己是好父亲、好母亲。同事升迁时，阴阳怪气地嘲讽"升官发财最无聊"的人也是出于同样的心理。

大家一起否定现实，自己就能得救。大家都说"乌鸦是白的"，大家都说"葡萄酸酸的"，自己就能沉迷在集体自我陶醉里不用醒来了。

很多坚决地否定现实的人都会出现躯体化症状，影响到身体健康，甚至出现颤抖、异常出汗、尿频、腹泻、呕吐、头痛、胃肠疾病等。即使大脑否定现实，自己的身体还是诚实的。

即便如此，相比健康带来的不安，心灵上的不安更难以忍受，因此，他们还是会选择否定现实，压抑动荡不安的情绪。

问题是采取这种方式，现实的不安会变怎样。如果重复合理化的行为，不分青红皂白地否定现实，自己应对新状况的能力也必然会下降，变得害怕思考和行动，随之，丧失沟通能力，无法和他人建立亲密关系。

比如，有的人十分顽固。孤独又顽固地变老是失败的老去方式。由于一直维持否定现实的生活态度，最后必然陷入孤独、顽固的状态。

尽管如此，为什么他们还要否定现实？全都是为了维持自己的价值。顽固的人绝对不会向别人道歉。即便是说句"对不起"就能解决的问题，他们也往往很难开口。

你可以不承认但你依然在逃避

否定现实，说得严重些，就是宁愿死也不肯承认错误的心态。

事实上，有些人的确为了这种事情而死。

曾有个名为"天堂之门"的邪教。他们坚信"我们在追求精神上的升华，这个世界是污浊的，世界是错误的，我们是正确的"，并集体自杀。他们企图借此否定现实，逃避不安。

他们都有人格方面的问题，却坚决不愿意承认。与其承认，不如去死，所以，他们选择了自杀。这就是逃避神经症性不安的结局。逃避不安将伴随着巨大的牺牲。

逃避不安可以短期实现，但这种实现必须以牺牲发现新事物的可能性、排斥新的学习、阻断适应新状况的能力的成长为代价。

逃避不安将伴随着巨大的牺牲。逃避不安可以短期实现，但这种实现必须以牺牲发现新事物的可能性、排斥新的学习、阻断适应新状况的成长为代价。

这无疑是排他主义。

无法适应新形势变化的人就这样陷入排他主义，顽固地坚持自己，不断否定周围的一切。

明明是自私的愿望，他们绝不承认这是自私。

一边任性放纵，一边断言"这可不是任性"。

指鹿为马成为他们唯一的生存依靠，因此，自我无价值感倍增。

下意识地对自己失望，做出不适宜的举动，随之，进一步加深了对自己的失望。

说着不知所云的话，逃避眼前的工作。

这就是那些逃避现实，又不承认自己在逃避的人们。

"天堂之门"是怎么解释婚外情的？他们说："我为了寻求真实离开家。"如果直说"我出轨了所以离婚"，其实也能接受，但他们偏偏要说自己是为了寻求真实才离开家。

　　他们的心声是"做父母太辛苦，我已经受够了"，但他们绝不会承认这一点。

我们是怎样丧
失成长机会的

乔治·温伯格曾说："对可塑性最大的挑战是压抑。"

所谓"死脑筋"是一个人多年以来的生活态度带来的结果，没有那么容易治好。

现在是一个持续变化的时代，我们必须不断适应新的状况。企图通过否定现实来消极地解决不安，就会让我们丧失这种能力。这样一来，我们越发执着于当前仅有的价值，否定其他。

事实上，即使他们有什么愿望，也会否定自己的愿望。他们和现实没有交集，也没有在社会中生存下去的心理准备。

身体受伤的话，救护车会把人送到医院。否定现实的人们心理上的伤口很深，却依旧无视现实发来的信号，任由自己横冲直撞，最终引发事故。如果情形得不到改善，

现在是一个持续变化的时代，
我们必须不断适应新的状况。企图
通过否定现实来消极地解决不安，
就会让我们丧失这种能力。

他们会反复遭受这样的挫折。

逃避不安的否定式方法中，一个共同点是缩小认识
和活动的领域。

逃避不安的否定式方法会让我们丧失成长的机会，且
一味否定现实反而无法在现实中保护自己。

你讨厌的不是派对，而是不受欢迎的感觉

消除不安的第三种消极的解决办法是"逃离可能导致不安的场所"。具体来讲，就是逃离使自己的价值受到威胁的状况。相比否定现实，这是一种更强硬的姿态。

生活中我们经常开派对。假设有个人心里很想去，但由于怕到了舞会没人邀请自己跳舞，结果变得十分不安，甚至因此拒绝参加舞会。

这种时候，用"我不喜欢派对"的借口来拒绝就是典型的逃避不安。即使没去参加派对，如果能够认识到自己是在逃避"没人邀请自己跳舞"的不安，那也没有问题，可惜她选择了"不喜欢派对"这个借口。

还有的人非常关心政治，曾经想做政治家，但是最后没能成功。

为什么呢？因为要成为政治家必须站出来参加选举。

他们害怕落选，落选让人不安，所以没能成为政治家。

逃避不安也是消除不安的消极的解决办法。

但是，即使当时的不安被掩盖住，如果一直采取这种方式面对不安，最终会像前文所说的那样，自己内心的力量会被不断削弱。

『烦恼不是昨天一天形成的』

曾经有人做过一个套圈实验。套圈实验就是在对面立一根棍子，人站在远处将圈扔过去，看能不能套在棍子上的游戏。一般的套圈游戏都会画一条线，人站在线外扔圈，但实验中并没有画线。

实验时，出现了"从必中的距离扔圈的人""从不确定能不能中的距离扔圈的人""从几乎绝对不会中的远距离扔圈的人"。

三种人当中，从必中的距离扔圈的人及从几乎绝对不会中的距离扔圈的人属于逃避不安的人。

从必中的距离或从靠运气才能中的远处扔圈，明显是在逃避"自己的能力受到考验"。

总之，他们就是害怕面对现实，名副其实地逃避现实。像这样逃避现实，的确能暂时摆脱不安，但绝对不是根本性的解决办法。

伴随不安的消极解决办法存在的问题是内心力量不断消失，这一点我们将在后文详细叙述。可怕的是，内心的力量在流失，但本人对此毫无察觉。

奥地利的精神科医生贝伦·沃尔夫有句名言："烦恼不是昨天一天形成的。"超过30岁依然逃避现实的人，很大概率是他从小就选择了逃避不安的解决办法。因此，他们的内心力量一直在被削弱。

我们为何会有想生病的渴望

很多人小时候都有过这种经历：对家长说不想去上学，结果被训斥一通，不得不背上书包去学校。

但是，生病的时候例外。家长会打电话向学校请假，告诉孩子好好休息。只要生了病，就可以逃离当前面临的令人不安的状况，就可以躲开不愿意看到的人。

这就是躯体化障碍群。

罗洛·梅曾说："有一个有趣的现象是当人们得病的时候，不安就会消失。"

害怕自己的能力受到考验，但只要生病，就可以堂堂正正地逃避考验。事实上，为此出现腹痛、偏头痛、过敏性肠道症候群的案例有很多。

有个词叫 "Doctor Shopping"（逛医院），指的是看完一个医生，赶忙跑到另一个医生那里去诊治，在各个医生之间不停辗转的现象。

"逛医院"的目的不是为了治疗疾病，而是为了听医生说"你生病了"，这样才会安心。因此，即使他们没有医学意义上的疾病，只要听到"你生病了"也能消除不安。

实际上，相比疾病，心里的不安更让他们难以忍受。只要生病，自己的价值就不会受到威胁，因此，他们想要听到"你生病了"，以便逃离不安。

爱生病的孩子
和家人的关系
一般不好

　　自己的实力受到考验的情形会让他们感到十分不安，因此，他们找各种借口逃避，或是表现出躯体化障碍之类的器质性反应，借此逃避心理层面上的不安。

　　展现出来可以有很多，但共同点是他们并没有真正生病，却表现出症状。

　　罗洛·梅认为："病症的目的不在于保护生物体，使其不至于堵塞力比多①，而是要避免不安发生的处境。"

　　必须考试，必须在会议上作报告——人只要活着，就会遇到众多导致不安的场合。

　　这时候，我们为了保护内心，就让身体生病。因为相

---

① 心理学名词。弗洛伊德理论中的一个十分重要的概述，用以专门表述本能。

比内心的不安，身体的疾病带来的心理压力更小。不安让人痛苦，如果是为了逃离不安，人们即使当场生病也可以。

通过患上器质性疾病，意识会告诉我们"这样子就威胁不到自我价值了"，从而给我们带来安全感。甚至可以说，身体上的疾病给人带来了心理上的保护。

简单来讲，就是通过"我的胃不好，所以干不好工作"之类的借口来缓解不能胜任工作的不安，获得短暂的安慰。

另一个重点在于，人们比较能够接受器官的疾病，而不能接受相比情绪或精神上的失控。其影响所及，使得不安及其他情绪的压力在现代文化中常常采取身体的表现形式。

有人因为"不安及其他情绪压力"患了胃溃疡，甚至患了癌症。很多人因为压力太大无法入睡而拖垮了身体。睡眠不足会导致免疫力下降，让人更容易生病。

如果有机体能够成功逃离的话，恐惧一般是不会导致疾病的。如果当事人无法逃离，而被迫留在了被无法解决的重复情境之中，恐惧便可能转变为不安，甚至身心上的变化也会伴随产生。

有一位擅长治疗学前儿童心理疾病的老师曾说："爱

为了保护内心，就让身体得病。因为相比内心的不安，身体的疾病带来的心理压力更小。不安让人痛苦，如果是为了逃离不安，人们即使当场得病也可以。

生病的孩子和家人的关系一般不好。"因为他们的愤怒无法表达，一直积压才导致了疾病。

气愤如果能通过打斗或其他直接形式宣泄出来，就不会导致疾病。

有个词叫作"learned illness"（可得性疾病）。那位老师说："绝不能让孩子形成'得了病就能受到优待'的认识。那样的话，他们会将弱小当作武器来对待生活。"

生病也是解决冲突的一个方法。但这是不可取的。

什么？新型抑郁症根本不存在

"新型抑郁症"的说法曾流行一时，引发了媒体的大量报道。

其实，并没有"新型抑郁症"这种病。这名字不过是精神科医生在媒体上生造的，现实生活中根本不存在。

关于"新型抑郁症"，看看美国的医学家阿隆·贝克的《抑郁症》就明白了。《抑郁症》中列举了新型抑郁症中所有被称为"新型"的症状。

为什么会出现"新型抑郁症"？因为得了"抑郁症"可以申请休假。虽然大家不太懂这到底是什么病，但只要说是"抑郁症"，就能请到假。因此，新的抑郁症就应运而生了。

阿隆·贝克的《抑郁症》里，用"本土化"一词对此进行了解释说明。这其实也说明人们比较能够接受器官这种采取身体的表现方式对于理解现代社会非常重要。之所以这么说，是因为不是疾病的现象已经被用"疾病"的形式来表现，制造出了"新型抑郁症"等完全不符合事实的概念。

的疾病，而不能接受相比情绪或精神上的失控。学生不想上课，公司职员不想上班，只要说自己生病了，就能得到批准。因此，他们为了堂堂正正地休息，就宣称自己"生病"了。

话题再回到罗洛·梅的观点。他说："其影响所及，使得不安及其他情绪的压力在现代文化中常常采取身体的表现形式。"

但是，不解决心理的问题，无论是吃药还是看医生，身体状态都不会得到改善。

内心问题的难点在于它和肉体的问题不同，因为如果当事人说得病，那别人就只能认定他已经得病。

比如，发烧39摄氏度时，当事人知道自己已经得病，周围人也会认定他已经得病。发烧的时候，恐怕没有人会出去跑步。这种时候，大家能够对疾病形成共识。

但内心的疾病是看不到的，因此，当事人说"我得病了"的时候，别人就算不清楚状况，也只能认为他得了病。

这种采取身体的表现方式对于理解现代社会非常重要。之所以这么说，是因为不是疾病的现象已经被用"疾病"的形式来表现，制造出了"新型抑郁症"等完全不符合事实的概念。

心智如幼儿的『成年人』

前文我们曾一再提及，不安产生的原因有两点非常重要：一是潜意识里的敌意，另一个是没有做自己。

如果能够不在潜意识里累积愤怒，而是直接宣泄出来了，人就不会因此生病。

"气愤如果能通过打斗或其他直接形式宣泄出来，就不会导致生病"。

但是，愤怒如果不能直接宣泄，就会反馈到身体状态上。因此，不安的人身体总是不舒服。有人称他们为"退却神经症"患者。他们的身体、社会地位都已经是成年人，但内心仍然是个幼儿。

这些疾病很大程度上取决于有没有"对愤怒的自觉"。对身体的疾病，人往往有这种自觉，但对心理的疾病则没有。为什么它这么重要？因为这一点决定了人是止

> 我希望人们能够通过直面不安来了解潜意识里的恐惧，能明白人的潜意识里隐藏着多么可怕的东西，又是如何支配现实中的我们的。

步于消极地解决，还是前进到积极地解决它。

消极地解决，没有对愤怒的自觉或意识。比如，明明对孩子使用暴力，却说这是在教育孩子的人，就没有意识到自己的愤怒。

换句话讲，我希望人们能够通过直面不安来了解潜意识里的恐惧，能明白人的潜意识里隐藏着多么可怕的东西，又是如何支配现实中的我们的。

看不见的不
安和依赖症

消除不安的第四种消极的解决办法是"依赖症"，比如酒精依赖症等。

酒精依赖症的人也不是心甘情愿地依赖酒精。他们因为公司和家里都有一堆烦心事，觉得"不喝点酒简直活不下去"，人并不只是对酒精有依赖。比如"工作狂"就是工作依赖症。

假设有人正面临夫妻关系危机，原本应该正面面对问题，人才能得到成长，但他借口工作忙来逃避问题。最后，他变成了一个工作狂。

依赖症患者的共同点是不安时没有清晰地意识到自己在不安。当夫妻关系不和谐时，为了逃避不安，他们选择依赖某种东西，或是工作，或是酒精，最终患上了依赖症。

依赖症患者的共同点是不安时没有清晰地意识到自己在不安。可以说，我们生活的现代社会是一个接受了依赖症的"依赖症社会"。

可以说，我们生活的现代社会是一个接受了依赖症的"依赖症社会"。

在日本，"依赖症"这个词出现得很少，这反而清楚地证明了这里的人生活在"依赖症社会"当中。

我们经常听说"酒精依赖症"，但其实依赖症还有许多种，比如"砂糖依赖症""依赖综合征""人际关系依赖症"等。

当然，酒是合法的饮料，喝酒也不应当被过度苛责。日本社会对于酒精依赖还是认识不足，一旦不安和酒精相遇，很容易造成酒精依赖症。

还有人患上了工作依赖症。过去是记事本，现在是电脑，如果不把里面的日程表安排得满满的，他们就没有安全感。为了压抑不安，他们忘我地活动，试图通过参与社交来隐藏孤独。由于害怕孤独，所以积极地参与社交活动，让自己看起来像个受欢迎的人。

然而，这一切都不过是幻想而已。即便把日程安排得再满，他们总会对某个地方不大满意，心里疙疙瘩瘩的。这些人还会对身边的人抱有莫名其妙的不满和愤怒，因为他们的内心深处和任何人都不相通。

因此，有些人看起来擅长社交，其实可能患有社交恐惧症。

前文我们曾说过舞会的故事，有的人会借口"不喜欢舞会"来逃避不安，相反，有的人会为了忘记一切，积极地参加舞会。

现代社会中的依赖症

前文中，我们对消除不安的四种消极的解决办法进行了具体说明，选择这些办法产生的问题使认知及活动领域变狭窄。人活着就要不断拓展认知，拓宽活动领域，但持续消极的解决办法，就永远也做不到。

卡伦·霍妮曾说过："消极的解决办法会破坏内心的强度。"当事人完全意识不到这一点的可怕之处。他们随时处于防御状态，自己的内心不断崩溃，却对此毫无察觉。

消极的解决办法能够暂时起效，让人忘记眼前的不安，但代价是自己的内心变得越来越脆弱。这最终会导致"沟通能力被破坏"，也是我觉得最可怕的后果。罗洛·梅将其称作"想象力的丧失"。

消除不安的消极的解决办法让有些人的人生路越走

越窄，最终被逼到绝境。

人要经历过依赖和自立的冲突才能成长，但他们无法自立。当事人的本意是防止自我价值的崩溃，可惜事与愿违，这么做起不到一点作用。

有些人常常抱怨"我已经这么努力了"，但是，在丧失了社会性沟通能力基础上的努力，不会带来好的结果，只会让人对自己产生深深的失望感。

第七章

消除不安的积极的解决办法

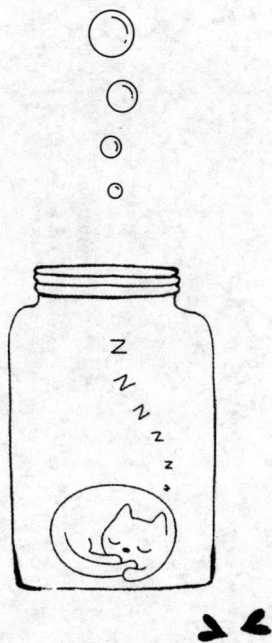

向内求

在善变的世界里，安顿自己

看清引发你不安的根本原因

如果能积极地解决不安问题，就能够健康成长，重新构筑与他人之间的关系。如果没能成功消除不安，那么，和他人之间就会陷入一种新的依赖关系。

首先，我来简要地介绍一项关于积极解决不安问题的研究。为什么自己会感到不安，其中，最关键的就是要看清根本原因。

越是敢于直接面对自己内心的矛盾，越是去寻求解决办法，就越能获得内心的自由和力量。

其实，前提就是，不管面临多么小的事情，只要凭借自己的力量去努力解决，就能从中获得自信。

请先找到你喜爱什么

有句俗话说："女子本弱，为母则刚。"虽然说"女子本弱"，但如果女性有了恋人，并且为了恋人而在努力生活的话，就能称为坚强了。而"为母则刚"，自然是因为她拥有了自己的孩子。

也就是说，人为了孩子、为了恋人，有了要守护的、应该守护的对象或者目标时，就能顽强地与不安斗争。相反，如果没有这样的对象或者目标的话，就无法忍受不安带来的痛苦和折磨。

话说回来，当一个人身处这种社会性关联的条件及背景下，肯定是会有所喜好的。而有所喜好的人承受不安的能力就会更强。

西伯里曾说："要想让你的心平静下来，就要先找到你喜爱什么。"

"要想让你的心平静下来，就要先找到你喜爱什么。"……"要有自己相信的目标，而不是特意为了展示给别人看""要有自己的信念，而不是单纯为了满足他人的期望"，以及"要默默地做好自己坚信的事情"，就能够积极地解决不安问题。

虽说如此，但找到自身爱好看似容易，实则很难。特别是像此前我们提到的那样，有些人就是一直过着活给别人看的人生，他们根本不知道自己喜欢什么，也无法从不安中脱身。

"要有自己相信的目标，而不是特意为了展示给别人看""要有自己的信念，而不是单纯为了满足他人的期望"，以及"要默默地做好自己坚信的事情"，就能积极地解决不安问题。

林肯的『务必让自己再度幸福起来』的言论

提起"为坚信的价值观献身",往往会想到美国前总统林肯。

林肯于1860年当选美国总统,是推动奴隶解放运动的重要人物。然而,据说林肯曾有一段时间患上了重度抑郁症。在他年轻的时候,朋友们甚至因为担心"他身边有刀的话,可能会被他用来自杀,太危险了",而把所有的刀具拿走。

那么,这样的林肯,到底怎样做到解放奴隶的呢?其实,就是为了实现自己坚信的价值观。他坚信,必须解放奴隶。因此,他熬过了最艰难的美国南北战争时期,从未绝望,而是想方设法实现奴隶解放。

林肯留下过一封信。彼时他收到一个少女的来信,信中写道:"妈妈死了,我已经失去了活下去的动力了。"他

> "只要跟随自己的决心，人就
> 能获得幸福。"人们只要自己期待，
> 坚定意志，下定决心，就会变得
> 幸福。

就在回信中说："务必让自己再度幸福起来。"

　　一般来说，得了抑郁症的人往往会说一些丧气的话，而他却说："务必让自己再度幸福起来。"这就是相信的力量。并且，他还在最后写道："只要跟随自己的决心，人就能获得幸福。"人们只要自己期待，坚定意志，下定决心，就会变得幸福。

　　年轻时，常被朋友们认为"他身边有刀的话，可能会被他用来自杀，太危险了"的林肯，甚至在自己32岁时还曾写道："我是这世上最悲惨的生物。"而当他54岁的时候却说："只要有想要幸福的决心，几乎所有人都能随着心意变得幸福起来。"

　　看过这些小故事，我更加确信，要想获得幸福，最重要的就是要有"不忌人言，坚持自我"的决心。

"为坚信的价值观献身"，是积极地消除不安的第一种办法，它甚至可以治愈抑郁症。虽然本书中并没有过多涉及抑郁症方面，但我们要知道，"相信"拥有着令人难以置信的强大力量。

用尊严替代虚荣心

几乎每个人都有虚荣心，与虚荣心相反的是自尊、敬重自己的心意。人正是因为无法做到尊重自己，才会使虚荣心变强。而导致这种情况的原因就是没能找到生存的目的。

虚荣心不是想丢就能丢掉的。所以，与其试图抛弃它，不如先去寻找自己的信念。

先去寻找自己能信任的人，或是可坚信的事物，以此为落脚点后，丢掉自己的虚荣心。

虚荣心之所以会成为一个问题，主要是因为它会产生压力，破坏我们的内在力量。虚荣心强的人可能会患有失眠、抑郁症或是自律神经失调症。总之，虚荣心会让生活变得更加痛苦。

正如阿德勒和贝伦·沃尔夫所说的那样，虚荣心会人正是因为无法做到尊重自己，才会使虚荣心变强。而导致这种情况的原因就是没能找到生存的目的。

引起神经疾病。神经疾病患者们的生活目的偏离了轨道，没有将自己的生存能量用在刀刃上。

我们要知道自己的体内沉睡着巨大的力量。要时刻等待着一个机会，充分地发挥出沉睡在心中的潜能。

威廉·詹姆斯认为，人类目前只使用了体内极少部分的潜能。只有当我们处于建设性压力或某种状态下——如轰轰烈烈的恋爱、工作热情时，才会意识到自身深藏的丰富的创造力。之后，才会开始唤醒沉睡在体内的强大生命力。

"自命不凡会贬低自己的形象，缩小选择范围，引发自以为是的心态。但这样就相当于在浪费我们自身的可能性。"

哈佛大学的埃伦·兰格教授曾提出过"阻止发育的

可能性"。有些东西会剥夺成长所必需的内在力量。这些东西其实就是我反复提到的虚荣心、复仇心和自我执着。它的内核并不是独立自主，而是依赖。

消除不安的最好手段——做自己

　　我曾认识一个人，他虽然因为眼盲而遭遇了各种各样的困难，但他都一一克服了，最终抓住了属于自己的幸福。在一次讲座之后，我收到了他的来信。上面写着："现在，我的心中充满了欢喜""正因为眼睛造成的不便，才让我认识到了更多的东西"。他喜欢数学，早上5点就起床学习，目前，作为一名商务人士就职于某家公司。

　　在我看来，学习数学就是他坚信的价值观，也是他能够消除不安的原因。

　　相反，如果没有坚信的价值观，或者价值观扭曲，则会陷入非常不幸的状态，会对心灵造成很大的创伤。

　　"做自己"其实是消除不安的最好手段。为此，最重要的是要找到自己坚信的价值观。

所谓坦率就是不否认现实

　　消除不安的第二个办法是"扩大意识领域"。由于消极地对待不安会否认现实，而我们现在提到的扩大意识领域，其实与它是互为表里的关系。不去否认现实，而是去扩大自身的意识领域。更进一步说，扩大意识领域，其实就是将自身具有的能量由无意识转变成有意识。对那些处于不幸当中想要重获幸福的人来说，不可或缺的就是要将无意识转为有意识。如果不愿意面对自身无意识领域中存在的各种问题，只是一味地无视和逃避的话，是不可能获得幸福的。

　　人们经常将"坦率"当作是优点，那么，坦率到底是什么呢？其实，坦率就是不否认现实。不坦率的人往往不会承认自己陷入了难以忍受的情绪之中，也会将不安等负面情绪推向无意识的状态。无意识地觉得自己是一个不

> 对那些处于不幸当中想要重获幸福的人来说，不可或缺的就是要将无意识转为有意识。如果不愿意面对自身无意识领域中存在的各种问题，只是一味地无视和回避的话，是不可能获得幸福的。

值得被爱的人。

　　但也正因为他们不承认这一点，变得虚张声势、否认现实。而这样的人却更渴望同伴。

　　然而，不坦率的人是不会坦承什么才是自己真正想要的东西的。比如，明明想结婚，但又没办法结婚的时候，他们就会说"结婚多没劲啊"。如果始终抱着这种态度生活，就没办法和别人充分接触、了解自己，也就越发变得不坦率。

　　而且，随着年龄的增长，这种扭曲的情感还会直接流露于表情上。比如，当遇到一些不够严谨认真的情况或是对方没能摆出正视事物的姿态时，他们就会不自觉地持嘲讽态度，而这种嘲讽就会流露于表情上。

当别人对自己的认可没能达到自我预期值时，大方面对、坦承原因的人才能获得更好的成长，而否认现实的人则会别扭地寻找借口，不承认已经发生的事实，无法接受人们对自己的认可并没有达到自己想要的程度。

到底是因为坦率才感到幸福，还是因为幸福才变得坦率？当然，这无法一概而论。不过，坦率之人的人生确实更容易处于良性循环中。当需要深究人生问题时，一拨人会选择否认和逃避事实，而另一拨人则会选择接受现实的自己、专注实现自我。当然，也有很多人宁可去死也不愿接受现实，最终，选择终结自己的生命。

但如果不接受现实中的自己，是无法实现自我价值的。"我就是不想面对现实，但你还得帮我排忧解难"的想法根本不可能实现。如果一直秉承着这种想法，人生必定会陷入僵局、寸步难行。

现实 你能否直面

　　记得在"消除不安的消极的解决办法"的章节中，我曾提到过"合理化"一词。虽然我们可以通过合理化的办法暂时摆脱不安情绪，但最终，我们的内心会逐渐变得敏感、脆弱。而且，就连本人都不知道自己变得究竟有多么脆弱。

　　但实际上，还是有办法让我们能够意识到因合理化而导致的脆弱程度的。这个办法就是扩大我们的意识领域。合理化的背后其实隐藏着无意识的力量。如前文所述，其实有些父母是受到感情驱使殴打自己的孩子，但还声称这是在管教他们。然而，真的有很多人是发自内心这么认为的。当我们意识到这种无意识的力量和隐藏在背后的真相时，就能积极地解决掉不安问题。

　　其实，很多人都会不自觉地拒绝成熟。正如弗洛伊德所说："我们总想经受痛苦。"不管人们在有意识地宣称些什么，大多都会无意识地期望自己遭受不幸。正因为无意识和有意识如此地矛盾纠结，我们才会感到越来越不安。

因此，感到不安的人一定要清楚地认识到现在自己身上究竟发生了什么不好的事情，这才是消除不安的积极的方法。

承认现实是非常痛苦的。

但对现实的否认，会使事态进一步恶化。反之，正如阿德勒所说的"痛苦有助于救赎与解放"，正视现实有助于解决现状。

"与其承认真相，还不如死了一了百了"与"痛苦有助于救赎与解放"的说法大相径庭，但也有一些人认为，阿德勒的这种说法不过是某种自以为是的理论而已。

追问『为什么』是幸运之门

　　有的男人会在失恋后用"就她那种女的"来贬称甩了自己的对象。但是，他其实还在不自觉地、无意识地喜欢那个甩了自己的人。和新的女性交往后，无论嘴上怎么说着"没有比她更好的女人了"，但其实也并不是特别喜欢她。我相信大家都能明白，这样下去的话，他永远不会得到幸福。

　　失恋肯定是一段非常痛苦的人生经历。这段经历虽然悲伤，但也可以认为是一个人成长过程中的必经阶段。当想要积极地解决不安的人发现这一点时，就会主动思考："那么，为什么这段恋爱会走向破裂呢？"也就是说，扩大意识领域需要多问"为什么"。我希望大家都能牢记，多问"为什么"，幸运之门就能向你敞开。

　　为什么会和那个人分手呢？

扩大意识领域需要多问"为什么"。我希望大家都能牢记，多问"为什么"，幸运之门就能向你敞开。认真地去思考"为什么"，注意到自己的无意识和不自觉，才能从根源上解决不安。而最后，也能具备直面自己的能力。

为什么自己现在这么痛苦呢？

为什么自己这么不开心呢？

为什么自己这么郁闷呢？

为什么自己依赖心这么强呢？

认真地去思考"为什么"，注意到自己的无意识和不自觉，才能从根源上解决不安。而最后，也能具备直面自己的能力。

有人说："我耗了30年才终于承认自己棒球打得不好。"花了30年才完成了自我意识领域的扩大。那些能够承认自己棒球打得不好的人，大概是因为觉得就算承认了也不会怎样，又没有因此丧失尊严，才会承认的吧。即使棒球打得不够好，嘴上一边说着"我打得可不好哦"，一边享受着大家的鼓励，就连捡球都玩得很开心的人，他们能够坦然地接受自己，也能坦率地承认别人。

人在承认自己一个一个缺点的同时，也在一步一步地成长起来。而这样的人才会对自己的人生、自己本身充满信赖。正因为如此，他们才能体会到人生百味吧。

不安是人生的十字路口

不管你多么不愿认为自己没错，当你被周围的人孤立时，最好还是思考一下"自己是不是在无意识领域内存在一些问题"。所有人的人生都会接二连三地出现问题，而生存的意义就是面对、处理和解决它们。也就是说，生活就是在解决问题。

有些人虽为人父母，但又没能尽到父母的职责，总虐待自己的孩子，然而，他们本质上并不想对孩子施暴，也明白不应该这么做。那些虐待过孩子的父母，虽然在事后有所反省，但还是会反复地对孩子施暴。

身为当代人，大家都在为了活着而拼尽全力，过着超出自己能力的生活。但当作为一个个体，在共同体中的生存得不到切实的保障时，社会上必将出现各种弊病。

但也正因为如此，希望大家能够留意到"不安是人生的十字路口"。它是一个在现代这样的消费社会、竞争社会中将我们置于是选择一败涂地，还是选择成为真正的强者、努力过好一生的十字路口，而生活就是在解决问题。

能正确拥抱不
安之人，已学
会强大本领

　　如果能意识到"自己有很强的神经症倾向"，就可以认为"自己还拥有广阔的可能性，人生从现在才刚开始呢"。

　　正如前文所说，神经症性不安是指当一个人的个性出现一些异样和反常时，会发出不安作为警告以引起人们的注意。而如何面对这种不安，是选择积极地应对还是消极地处理，这会对人生产生极大的影响。也就是说，处理不安的方式决定了未来人生的走向。

　　由于神经症性不安，人们不断地为各种各样的事情所烦恼，但问题不仅仅是这些层出不穷的烦恼，本质上来说，就是人际间的关系如何处理。当人际关系中出现一些不良倾向时，这种不良的倾向就是烦恼的根源。

　　因此，当生活变得痛苦难熬的时候，首先要从正面重新看待自己的人际关系。烦躁的时候，试想一下："为什么我会感到如此烦躁呢？"

比如，当孩子不想上学时，首先思考一下："我对待孩子的方式是否存在问题呢？"

如果注意到了自己的意识领域，并对不安的内在因素进行发掘，就会产生新的洞察力。西伯里曾说过："发现内在因素可以积极地解决不安。"

我们所有人都在努力，但其中也有些人会在中途自我放弃。

究其原因，就是因为"exclusively"[①]，也就是他们的努力具有排他性。非常遗憾的是，很多时候他们努力的方向都不对。

不要努力地逃避（消极地解决不安），而要努力地面对（积极地解决不安）。不去努力地面对，人生无法迎来幸福的结局。而无论怎样努力地逃避，同样也不会有幸福的结局。

虽然有的人会发表一些放弃自己未来人生的言论，但其实，重要的是追溯过去发生过的事情，思考"为什么我会自我蔑视，认为自己是一个毫无价值的人呢""造成我不安的人际关系到底是怎样的呢？"从中反思和教育自己。

---

① 排他地，独占地，专有地。

不要努力地逃避（消极地解决不安），而要努力地面对（积极地解决不安）。不去努力地面对，人生无法迎来幸福的结局。而无论怎样努力地逃避，同样也不会有幸福的结局。

追根溯源"逼迫自己""养成了错误的价值观"的缘由，其实就是人格的重建。

要承认"我的人生是失败的，我害怕活着，我丧失了活下去的意义"这样的现实是很痛苦的。但正因为人们勇于承认这样的现实，才会像阿德勒所说的那样，用痛苦打开通往"救赎与解放"的大门。通过承认现实，做到了罗洛·梅主张的"扩大意识领域"，还能获得卡伦·霍妮所说的"内心的自由和力量"。

就算你抛弃了生活，生活也不会抛弃你。

图书在版编目（CIP）数据

向内求 ：在善变的世界里，安顿自己 ／（日）加藤
谛三著 ；凌文桦译. — 北京 ：文化发展出版社，
2023.11

ISBN 978-7-5142-4109-9

Ⅰ．①向… Ⅱ．①加… ②凌… Ⅲ．①心理学－通俗
读物 Ⅳ．①B84-49

中国国家版本馆CIP数据核字(2023)第197504号

FUAN WO SIZUMERU SHINRIGAKU
Copyright © 2022 by Taizo KATO
First original Japanese edition published by PHP Institute, Inc., Japan.
Simplified Chinese translation rights arranged with PHP Institute, Inc.
through Rightol Media Limited

北京市版权局著作权合同登记号：图字 01-2023-4819

向内求：在善变的世界里，安顿自己

著　　者：[日]加藤谛三
译　　者：凌文桦

出 版 人：宋　娜　　　　　　特约编辑：梁珍珍
责任编辑：肖润征　刘　洋　　责任校对：岳智勇　马　瑶
责任印制：杨　骏　　　　　　封面设计：宋晓亮
出版发行：文化发展出版社（北京市翠微路2号 邮编：100036）
网　　址：www.wenhuafazhan.com
经　　销：全国新华书店
印　　刷：天津旭非印刷有限公司

开　　本：880mm×1230mm　1/32
字　　数：120千字
印　　张：7.5
版　　次：2023年11月第1版
印　　次：2023年11月第1次印刷

定　　价：49.80元
ＩＳＢＮ：978-7-5142-4109-9

◆　如有印装质量问题，请电话联系：010-68567015